基于深度学习的人体行为识别算法研究

陈华锋　著

·北京·

内 容 提 要

视频人体行为识别技术可满足网络视频检索与分析、智能视频监控分析、智能视频监护等应用领域对自动分析及智能化的需求，引起学术界的广泛关注。虽然目前国内外学者在行为识别领域已取得一定研究成果，但由于人体行为在动作速率、相机视角、运动场景等方面存在多样性，基于视频的人体行为识别仍是一个极具挑战性的研究课题。本书对人体行为识别技术进行了综述，介绍了几种人体行为识别方法，并对此进行了总结。

本书研究内容是机器学习、深度学习与计算机视觉等交叉学科知识在人体行为识别领域的具体应用，既适合本领域的研究者了解前沿，也适合人工智能相关专业的本科生、研究生作为学习参考资料。

图书在版编目（CIP）数据

基于深度学习的人体行为识别算法研究 / 陈华锋著. 北京 : 中国水利水电出版社, 2024. 10（2024.11 重印）.

ISBN 978-7-5226-2834-9

Ⅰ. TP302.7

中国国家版本馆 CIP 数据核字第 2024G09J30 号

责任编辑：杨元泓　　加工编辑：贾润姿　　封面设计：苏　敏

书　　名	基于深度学习的人体行为识别算法研究 JIYU SHENDU XUEXI DE RENTI XINGWEI SHIBIE SUANFA YANJIU
作　　者	陈华锋　著
出版发行	中国水利水电出版社 （北京市海淀区玉渊潭南路 1 号 D 座　100038） 网址：www.waterpub.com.cn E-mail：mchannel@263.net（答疑） 　　　　sales@mwr.gov.cn 电话：（010）68545888（营销中心）、82562819（组稿）
经　　售	北京科水图书销售有限公司 电话：（010）68545874、63202643 全国各地新华书店和相关出版物销售网点
排　　版	北京万水电子信息有限公司
印　　刷	三河市德贤弘印务有限公司
规　　格	170mm×240mm　16 开本　10.25 印张　193 千字
版　　次	2024 年 10 月第 1 版　2024 年 11 月第 2 次印刷
定　　价	62.00 元

前　　言

人体行为识别是计算机视觉与模式识别领域中的一项重要研究课题。在智能监控领域，行为识别技术可以帮助监控系统自动识别和分析异常行为，提高监控效率和准确性；在智能交通领域，该技术可以识别和分析交通参与者的行为，为交通管理提供有力支持；在健康监测领域，该技术可以实时监测和分析人的行为模式，为个性化健康监护服务提供数据支持；此外，该技术还在虚拟现实、人机交互、环境控制和监测等多个领域中发挥着重要作用。随着智能监控、智能交通、健康监测等应用场景的不断发展，如何有效地识别人类行为，已经成为学术界与工业界共同关注的焦点。在深度学习技术迅猛发展的背景下，基于深度学习的行为识别方法显示出了强大的潜力和广泛的应用前景。

本书从传统的手工特征到现代的深度学习特征，从行为数据集的选择到算法的设计与优化，综述了人体行为识别领域的技术演进与发展趋势，并介绍了几种基于深度学习的人体行为识别算法。

本书主要研究内容包括：

（1）基于动作分解的行为识别。针对人体行为时间尺度的鲁棒性问题，分析了动作与视频帧相似性之间的关系，介绍了通过动作分解将视频分解为多个视频子段的方法，并提出了视频子段中代表帧采样的数据模型，给出了代表帧的卷积特征学习过程及特征融合方法。然后介绍了基于 LSTM 网络的行为时序特征学习过程，最后结合实验分析了所提算法的有效性。

（2）基于运动显著性的行为识别。针对现在图像采样方法不能聚焦行为运动问题，介绍了视频中运动显著性检测算法，并给出了多个运动显著区域合成方法。然后提出了基于运动显著区域的图像块采样方法。最后在行为识别数据集上对所提算法进行实验验证。

（3）基于多模态特征的行为识别。研究了运动边界卷积特征和梯度边界卷积特征的提取方法。然后介绍了几种多模态特征的融合方法，最后通过实验验证了运动边界卷积特征和梯度边界卷积特征的有效性，并比较了几种多模态特征融合方法对人体识别率的影响。

（4）基于实时全局运动补偿的行为识别。针对传统实时行为识别算法中没有区分运动矢量中的全局运动信息和人体行为信息的问题，提出了基于运动矢量的实时全局运动参数估计方法，然后参照估计的全局运动参数进行运动补偿。最后通过实验证明了基于全局运动补偿的行为识别算法能够满足行为识别的实时性要求，在识别性能方面较 MF 和 EMV-CNN 算法有明显提升。

（5）基于局部最大池化特征时空向量的行为识别。为了有效解决视频理解中的一个重要问题：如何构建一个视频表示（其中包含整个视频上的 CNN 特征），我们提出了局部最大池化特征时空向量（ST-VLMPF）的超向量编码方法，用于人体行为的局部深度特征编码。特征分配通过相似性和时空信息在两个层级上完成。对于每个分配，我们构建了一个特定的编码，专注于深度特征的性质，旨在捕获网络最高神经元激活的最高特征响应。ST-VLMPF 明显比一些广泛使用且强大的编码方法（改进的 Fisher 向量和局部聚合描述符向量）拥有更可靠的视频表示，同时保持了较低的计算复杂度。

（6）基于姿态运动表示的行为识别。不少行为识别方法依赖于 two-stream 结构独立处理外观和运动信息。我们将这两个模态信息流融合起来为行为识别提供丰富的信息。该方法引入新方法以编码一些语义关键点的运动，我们使用人体关节作为这些关键点，并将姿态运动表示称为 PoTion。具体来说，我们首先基于目前效果最好的人体姿态估计器在每一帧中提取人体关节的热图，再通过时间聚合这些概率图来获得 PoTion 表示。这是通过根据视频剪辑中帧的相对时间“着色”每个概率图并对它们进行求和来实现的。这种针对整个视频剪辑的固定大小表示适合使用浅卷积神经网络对行为进行分类。

（7）基于动态运动表示的行为识别。在许多最近的研究工作中，研究人员使用外观和运动信息作为独立的输入来推断给出视频中正在发生的行为。我们提出了人体行为的最新表示方法，同时从外观和运动信息中获益，以实现更好的动作识别性能。我们从姿势估计器开始，从每一帧中提取身体关节的位置和热图，使用动态编码器从这些身体关节热图中生成固定大小的表示。实验结果表明，使用动态运动表示训练卷积神经网络优于目前最好的行为识别模型。

（8）基于运动增强 RGB 流的人体行为识别。虽然将光流与 RGB 信息结合可以提高行为识别性能，但准确计算光流的时间成本很高，增加了行为识别的延迟。这限制了在需要低延迟的实际应用中使用 two-stream 方法。我们给出了两种学习方法来训练一个标准的 3D CNN，它在 RGB 帧上运行，模拟了运动流，因此避免了在测试阶段进行光流计算。首先，将基于特征的损失最小化并与 Flow 流进行比较，所提深度神经网络以高保真度再现了运动流信息。其次，为了有效利用外观和运动信息，我们通过特征损失和标准的交叉熵损失的线性组合进行训练，用于行为识别。

本书研究内容是机器学习、深度学习与计算机视觉等交叉学科知识在人体行为识别领域的具体应用，既适合本领域的研究者了解前沿，也适合人工智能相关专业的本科生、研究生作为学习参考资料。本书由作者独撰，全书约 19 万字。本书的编写得到了湖北省高等学校优秀中青年科技创新团队计划项目“行为识别技术研究及开发”（编号：T201923）、荆门市科学技术研究与开发计划重点项目“基于视觉引导的焊机伺服系统关键技术研发”（编号：2021ZDYF024）、荆门市重大科技计划项目“基于人工智能和边缘计算融合的自动化生产线关键技术研究与应用”（编号：2022ZDYF019）和荆楚理工学院智联网应用创新研究中心的资助。在此一并表示感谢！

由于作者水平有限，加工时间仓促，书中难免存在疏漏与不妥之处，恳请读者批评指正。

陈华锋

2024 年 8 月

目　录

第1章 绪　　论

1.1 研究背景

视频人体行为识别（Video-based Human Action Recognition）简称“行为识别”，也有学者翻译为人体动作识别[1][6][7][8]、人体行为分析[5]、人体动作行为识别[9]等。行为识别是根据行为视频中图像帧或图像帧序列，由计算机进行视觉信息处理与分析，自动识别视频中人体目标正在实施的行为[1]。行为识别涉及计算机视觉、图像处理、模式识别、机器学习等学科领域，是一个多学科交叉研究课题。行为识别技术可以满足网络视频检索与分析、智能视频监控分析、智能视频监护等应用领域的自动分析及智能化需求，推动社会发展进步。下面简要介绍行为识别给这些应用领域带来的潜在影响：

（1）网络视频检索与分析。手机、数码摄像机、平板电脑等便携视频设备即拍即传，方便快捷，也使得互联网上的视频数据以指数级速度不断增长。2015 年底，Google 旗下影像分享网站 Youtube 视频上传量达到每分钟 500 小时[2]。这些海量视频目前主要由上传者用文本进行标注，然而人工标注方式存在明显不足：不同人对某段视频的理解和描述可能不同，甚至同一个人在不同环境下对同一视频的描述也可能不同[5]。人工标注信息的主观性导致视频分类结果准确度低，影响视频检索结果精确性。因此，引入智能行为识别系统对视频内容进行分析、自动调整视频标注信息，可有效降低人的主观性对标注信息的不利影响，提升视频检索精度。另外，行为识别系统还可以自动清除不适合在互联网上传播的视频。

（2）智能监控视频分析。全球各地室内及街头监控摄像头在监控、保障人身安全的同时，也不断产生着海量监控视频数据。2003 年以来我国就开展了大规模“城市视频监控与报警示范工程”建设，已建成的城市联网监控系统每天产生 PB 级监控视频数据[3]。单纯地依靠人工判别，从这海量视频中发现实时监控异常和可疑动作（如“有人丢下了一个手提袋”或者“有人把钱包丢进了垃圾箱”等）已变得极为困难：一是监控人员过多会导致人力成本过高，监控人员过少又无法及时监控到人们的异常行为；二是当监控视频工作人员注意力不集中时，无法及时发现一些危险行为并采取有效措施，危及公共安全。因此，使用异常行为识别系统来辅助或取代工作人员完成实时监控，可以解决成本与有效监控之间的矛盾。

（3）智能视频监护。2015 年国民经济和社会发展统计公报显示[4]，我国 60 周岁及以上人口为 2.22 亿，比 2014 年增长了 0.6%。对比分析近年统计公报中老年人口增长情况可知，我国人口老龄化程度越来越严重。另外，最早响应国家计划生育政策号召的家长已经步入中老年，使得我国空巢老人问题日益突出。如何更好地照顾和监护老人引起了社会的广泛关注[8]。基于行为识别的智能监护系统可以对老年人的一些异常、高危动作（如跌倒、摔伤等）进行无人监控，及时、准确地发出报警信号，减少救治不及时等一系列问题。同样，智能监护系统还能实现对患者、儿童以及残疾人的实时监护，对保护人们的生命安全有着十分重要的应用意义。

鉴于此，一大批国内外研究机构和学者已围绕人体行为识别相关技术开展了大量课题研究。其中，比较有代表性的国外研究机构和实验室包括美国斯坦福大学视觉实验室、英国牛津大学计算机科学系、美国卡内基梅隆大学计算机科学学院、美国中佛罗里达大学计算机视觉研究中心、法国国家信息与自动化研究所、加拿大渥太华大学电气工程与计算机科学学院 VIVA 实验室、苏黎世联邦理工大学计算机视觉实验室、微软亚洲研究院等。国内主要研究机构有中国科学院自动化研究所、中国科学院深圳先进技术研究院、清华大学、北京大学、北京邮电大学、北京理工大学、中国科学技术大学、武汉大学、山东大学、上海复旦大学、南京大学、浙江大学、浙江工业大学、电子科技大学、西南交通大学、重庆大学、西安交通大学、西安电子科技大学、哈尔滨工业大学、东北大学、吉林大学、华南理工大学等。

国内外计算机视觉、模式识别、机器学习等领域重要的学术期刊和学术会议也对行为识别研究课题深为关注，大量收录与该课题相关的优秀学术论文。其中，知名国际期刊有 *IEEE Transactions on Pattern Analysis and Machine Intelligence (TPAMI)*、*International Journal of Computer Vision (IJCV)*、*IEEE Transactions on Image Processing (TIP)*、*Computer Vision and Image Understanding (CVIU)*、*IEEE Transactions on Multimedia (TMM)*等。收录该课题相关学术论文的知名国际会议有 *International Conference on Computer Vision (ICCV)*、*International Conference on Computer Vision and Pattern Recognition (CVPR)*、*European Conference on Computer Vision (ECCV)*、*Advances in Neural Information Processing Systems (NIPS)*、*ACM International Conference on Multimedia (ACM MM)*、*International Conference on Machine Learning (ICML)*、*American Association For Artificial Intelligence (AAAI)* 等。国内关注并收录行为识别学术论文的权威期刊有软件学报、自动化学报、中

国图象图形学报、中国通信、模式识别与人工智能、计算机科学等。

1.2 国内外研究现状

什么是人体行为（Human Action）？不同学者对其有着不同的理解，例如，Aggarwal[10]等认为，人体行为根据其复杂度分为姿态（Gestures）、行为（Actions）、交互行为（Interactions）和群体行为（Group Activities）等四个层次。Moeslund[11]等则认为人体行为可分为基本动作（Action Primitives）、行为（Actions）和人体活动（Activities）三个等级。其中，基本动作（简称“动作”）一般指人体肢体运动，如抬起左腿、右转头部、倾斜身体等。行为一般由一系列人体动作组成，包括身体的整体运动，如走路、跑步、投篮等。人体活动是定义在人体行为之上的一些事件，如做菜由洗菜、切菜、炒菜等行为构成。于成龙[12]根据人体行为的复杂程度将人体行为分为人脸（表情）、手势、姿态、个体行为、交互行为及群体行为等六个层次。笔者认同 Moeslund[11]等对人体行为的抽象定义，将人体行为理解为多个人体动作的组合，而多个人体行为有机构成人体活动。

如图 1-1 所示，行为识别过程大致可分为行为特征提取（feature extraction）和人体行为识别（action recognition）两个步骤[13]。行为特征提取是通过对人体行为视频中的图像帧进行变换、分析，获取能够有效描述视频中人体行为所需要的特征（通常以数值向量的形式表示）。行为识别，也称为行为分类（action classification），是根据人体行为视频所对应的行为特征向量和行为类别，通过对人体行为分类模型进行监督、半监督或者无监督学习（有些文献中亦称为“训练”）确定分类模型参数值，然后在测试过程或应用场景中将未知的行为视频所对应的行为特征向量输入已训练好的行为分类模型中进行分类，从而识别出该视频中包含的是什么人体行为。

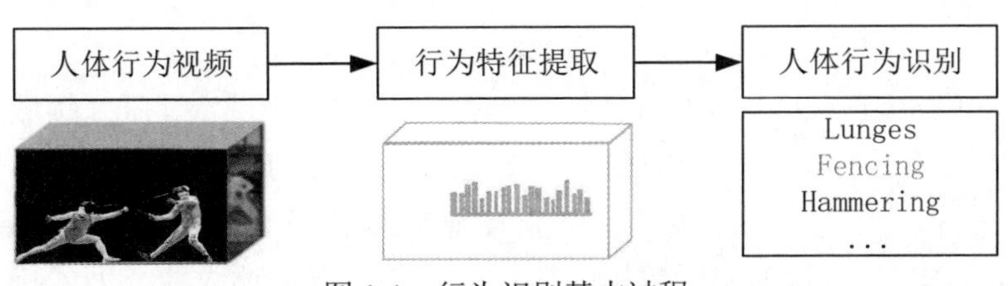

图 1-1 行为识别基本过程

人体行为特征提取在行为识别过程中起关键作用，行为特征的好坏直接影响最终的识别效果[5][13]，因而在三十多年的行为识别研究过程中[10][14-17]，学者们着重围绕人体行为特征这一核心内容进行研究。人体行为特征也是本书的主要研究对象，所以这里重点介绍人体行为特征在国内外的研究发展现状。

人体行为特征大致可分为手工特征（hand drafted features）和深度特征（deep-learned features）两类[18]，如图 1-2 所示。

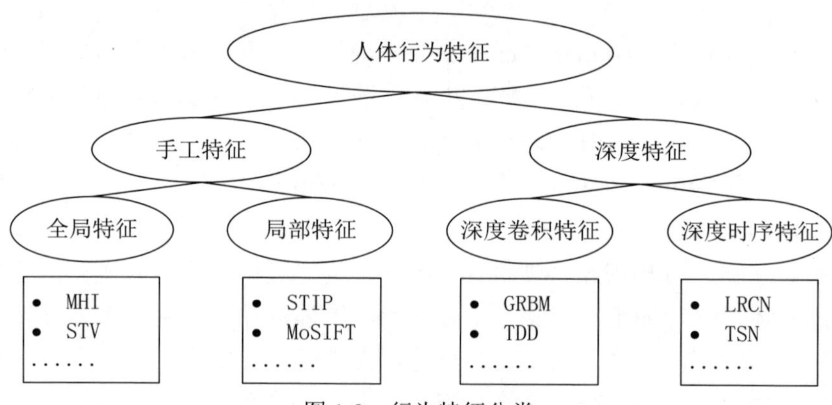

图 1-2　行为特征分类

人体行为手工特征是指人们根据行为视频中观察到的人体行为特点以及图像统计特性，手工设计图像编码方案对人体行为进行编码，用编码结果表达人体行为的特征。手工特征又可以分为全局特征和局部特征两类。全局特征建立在前景目标提取基础上，它将视频中前景目标的外观或运动信息进行整体分析、统计，分析、统计的结果用来描述人体行为[6][19]。全局特征的计算自上而下：首先运用前景分割、背景建模或行人跟踪等算法提取前景目标，并将前景目标作为感兴趣区域（Region of Interest，ROI），对整个区域进行编码，得到视频的人体行为全局特征。局部特征是在视频的局部区域提取时空显著特征，再利用视觉词袋模型（Bag of Visual Words，BoVW）对人体行为进行建模。与全局特征的计算相反，局部特征的计算自下而上：首先进行局部时空显著点（或者显著区域）检测，然后在显著点周围（或者显著区域内）选取时空窗口并统计时空窗口内的人体行为特征值，最后将统计结果作为行为局部特征描述。

随着深度学习方法[20-22]在图像分类[23-26]、目标检测[27][28]等研究领域的成功应用，如何基于深度学习方法获取表征力更强的人体行为特征描述近几年也备受各国研究者关注。人体行为深度特征是指计算机基于深度神经网络（Deep Neural Networks，DNN）从行为视频数据中迭代学习并提取描述人体行为的特征。深度特征又可分为深度卷积特征和深度时序特征。深度卷积特征一般在视频中采样视频图像帧，然后对采样图像帧的相关模态数据（如 RGB 图像、图像梯度、光流等）通过时空卷积核进行多次卷积、归一化、下采样等操作，从而获得人体行为特征描述。深度时序特征则考虑人体行为发生过程中的时序线索，在深度卷积特征基础上使用循环神经网络（Recurrent Neural Networks，RNN）等算法进行多个动作特征之间的时序特征学习，最后得到能够表达行为时序信息的特征。

下面从手工特征、深度特征和行为识别数据集三个方面介绍国内外行为识别研究相关成果。

1.2.1 手工特征

1. 全局特征

2001 年，Bobick[29]等基于人眼对运动的敏感性，从单个图像帧中提取前景目标轮廓，并在行为序列的多帧图像中累计帧间差，得到二值运动能量图（Motion Energy Image，MEI），如图 1-3 所示。然后根据轮廓运动的时间函数构造运动历史图（Motion History Image，MHI）算法。最后，计算 MEI 和 MHI 的 7 个 HU 不变矩并将它们拼接在一起作为人体行为特征描述。

图 1-3 人体行为的运动能量图（MEI）和运动历史图（MHI）

2003 年，Efros[30]等通过鲁棒的行人跟踪算法，在包含全局运动的场景中计算感兴趣区域的光流。为了保持运动的方向性，作者将光流在水平和垂直方向分成正和负方向，从而生成 4 个独立通道，然后将这 4 个通道的光流信息作为每帧图像的人体行为特征描述。Ahad[31]等则利用这个四通道的光流信息来解决 MHI 方法[29]的自遮挡问题。

2005 年，Blank[32]等利用背景差分法得到图像帧的剪影（silhouettes）信息，再将所有视频帧的剪影图像组合起来构成描述人体行为的时空形状（Space-Time Shape），如图 1-4（a）所示，然后利用泊松方程解的性质提取时空形状的结构、方向、显著点等特征，最后组合所有特征向量构成人体行为特征描述符。

2005 年，Yilmaz 和 Shah[33]给出了与时空形状[32]类似的行为特征——三维时空卷（Spatio-temporal Volume，STV），如图 1-4（b）所示。该特征算法通过计算加权二分图最大匹配来求解前后两帧图像之间像素点对应问题，获取运动目标二维轮廓，所有图像帧的二维轮廓组成 STV。然后在 STV 表面提取峰值点、谷点和鞍点作为行为特征描述符。

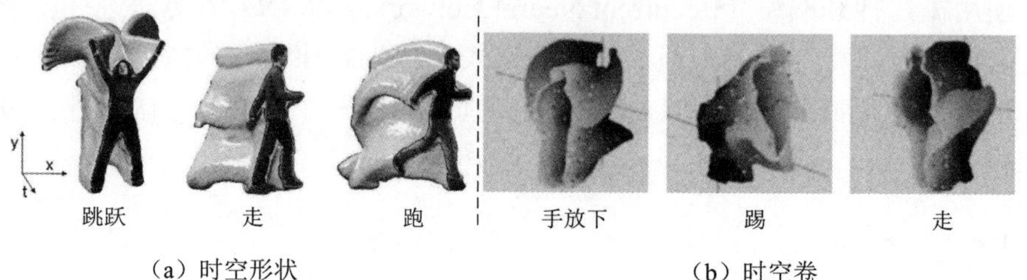

（a）时空形状　　（b）时空卷

图 1-4　人体行为的时空形状与时空卷

2008 年，Schindler 和 Van Gool[34]从视频中截取 1～10 帧组成视频片段（Snippet），基于片段使用 Gabor 滤波器多尺度（scale）、多方向获取人体外观（appearance）信息，并在 2 个尺度、4 个方向和 3 个不同速率上分别从该片段中获取光流信息，然后将这些外观、光流信息组合起来描述人体行为特征。

2008 年，Zhang[35]等基于视频连续多帧的运动信息给出了运动上下文特征（Motion Context，MC），如图 1-5 所示。Zhang 等首先将视频拆分为多组固定长度的小段视频，在每小段视频中计算标准偏差得到运动图像（Motion Image，MI），基于单个运动图像兴趣点周围区域中计算运动单词（Motion Words，MWs）分布，然后将运动单词分为多个方向进行求和统计，归一化后形成一维 MC 特征向量。最后，将小段视频中所有 MC 特征向量之和作为三维 MC 特征描述符。

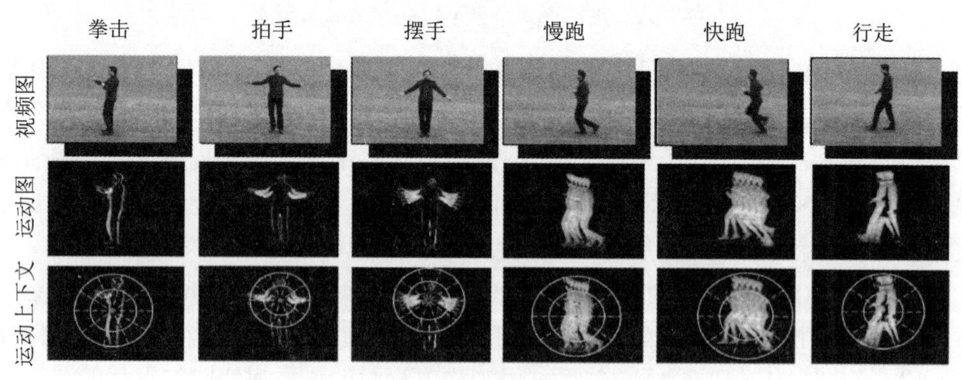

图 1-5　人体行为的运动上下文特征 MC

2010 年，Ali 和 Shah[36]将光流信息转换为可清晰描述人体行为的运动特征（kinematic feature），从光流场中计算一系列的动态学特征，如散度、旋度、对称性和梯度张量等。为了降低行为特征向量维度，该算法采用主成分分析（Principal Component Analysis，PCA）方法[38]从这些动态学特征中选取主要作用的特征部分作为人体行为特征。

2010 年，Derpanis[37]等采用 3D 高斯三阶导数滤波器对行为视频进行时空分解，然后基于视频时空结构信息对人体行为进行建模，得到行为特征描述向量。Sadanand[39]等则在此基础上利用时空金字塔构成级联特征来描述人体行为，并训练多种行为模板。在行为分类时将所有行为模板作为行为仓库（Action Bank），然后用仓库中的行为模型对行为视频滑动计算行为响应值，选择行为模型中响应值最大的作为行为特征描述。

2012 年，Jiang[40]等采用人体形状与运动描述原型树（Shape-Motion Prototype Trees）描述行为特征，其中人体形状特征是人体 ROI 区域前景像素数量统计值，运动特征则是在 Efros[30]等基础上进行全局运动补偿后提取的模糊光流。“原型”是指形状及运动特征组合后的聚类中心，原型树选择分层 K 均值（K-means）聚类方法生成二进制树。

描述人体行为的全局特征是将人体目标及运动变化看成一个整体进行计算得到行为特征的过程，对前景的所有信息进行编码，具有一定的行为特征描述能力。但全局特征的提取严重依赖精确的前景提取、背景建模及相关跟踪算法，对光照变化、相机视角及遮挡等复杂场景极为敏感。对控制场景约束条件下采集的行为视频数据集（如 Weizmann），全局特征在行为识别上有着较好的性能。但在处理复杂环境下的行为识别时，行为识别性能与局部特征相差甚远。

2. *局部特征*

人体行为局部特征提取方法一般分为三个步骤[5]：局部特征检测、局部特征描述、行为特征建模。本书从这三个方面分别介绍人体行为局部特征相关研究成果。

局部特征检测就是利用特定的响应函数对时空显著信号的位置及尺度进行检测或者直接对视频图像帧的局部区域进行采样。2005 年，Oikonomopoulos[41]等利用信息熵对时空显著区域进行检测，其具体方法是在时空点周围圆柱范围内计算信息熵，局部最大值区域经过阈值化和聚类处理后作为时空兴趣区域。

2005 年，Laptev[42]将 Harris 角点检测算法扩展到视频领域，通过对 Harris 角点增加时间约束，检测在时间、空间上变化都很强烈的极值点（Harris3D 角点），将其作为局部特征点，并命名为时空兴趣点（Space-Time Interest Points，STIP），如图 1-6 所示。

2005 年，Dollár[43]等给出 Cuboid 局部特征点检测算法。该算法针对 STIP 算法[42]提取到的时空兴趣点非常稀疏的问题，使用空间二维高斯核及一维时间 Gabor 滤波器，提取局部最大响应区域作为兴趣区域，从而获得更多的局部显著区域。

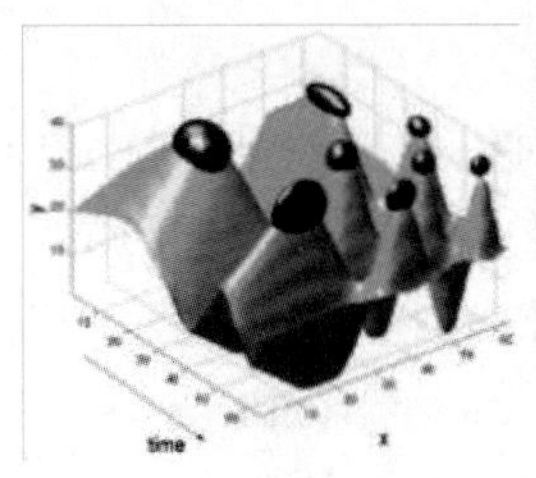

左：检测方法示意图　　右：检测到的时空兴趣点

图 1-6　时空兴趣点（STIP）

2008 年，为了获得更为稠密且尺度不变的时空显著区域，Willems[44]等基于三维 Hessian 算法给出了 Hes-STIP 特征点检测算法。该算法的主要创新在于利用盒子滤波操作（box-filter operations）对时空梯度进行近似处理。Hes-STIP 检测算法与前面几种检测算法[41-43]相比，计算时间复杂度大为降低。

2009 年，Bregonzio[45]等注意到 Dollar 检测器[43]容易检测到背景细微运动区域。为了解决这一问题，Bregonzio 等通过帧间差分，然后在差分图中应用一组不同方向的 2D Gabor 滤波器进行滤波，局部响应最大值区域作为时空显著区域。

2009 年，Chen[46]等在静态尺度不变特征转换（Scale-Invariant Feature Transform，SIFT）局部特征点检测算法基础上加入光流约束，为监控视频行为识别给出了 MoSIFT 特征点检测方法。该方法首先在视频帧中检测所有 SIFT 特征点，然后计算出每个 SIFT 特征点相应的光流值。若 SIFT 特征点光流值超出了阈值（根据经验设定），则将其作为 MoSIFT 特征点。

2009 年，Wang[47]等给出了稠密采样（dense sampling）局部特征点方法。该方法从视频中基于 5 个维度 (x, y, t, σ, τ) 进行特征点采样，其中 x, y, t 分别为视频横向、纵向、时间坐标，σ, τ 为空间、时间上的缩放尺度。实验表明，与 Harris3D[42]、Cuboid[43]和 Hes-STIP[44]等稀疏采样方法相比，稠密采样方法更为简单、有效。

2010 年，Yu[48]等给出快速视频（V-FAST）时空显著点检测方法，在 XY、XT、YT 平面上分别使用 Rosten[49]等给出的角点检测算法进行快速地角点检测，得到比较稠密的时空特征点。

2011 年，Wang[47]等在稠密采样方法基础上进行改进，进一步给出稠密轨迹（Dense Trajectories，DT）采样方法[50][51]及改进型稠密轨迹（Improved Dense Trajectories，IDT）采样方法[52][53]。与稠密轨迹采样方法相比，改进型稠密轨迹采样方法显著消减了全局运动对行为识别造成的干扰。

早期人体行为局部特征描述算法主要沿用静态图像中的局部描述方法，如梯度方向直方图（Histogram of Oriented Gradient，HOG）[54]、尺度不变特征 SIFT[55]、快速鲁棒特征（Speeded-Up Robust Feature，SURF）[56]、局部二值模式（Local Binary Patterns，LBP）[57]等，这些局部特征只能描述行为静态外观，不能表征行为运动变化，导致行为识别率较低。针对这一问题，研究者通过融合人体行为时空信息给出多种局部时空特征描述符，如 3D-SIFT[58]、extended SURF[44]、MoSIFT[46]等。

2007 年，Scovanner[58]等将经典 SIFT 特征推广到 3D 时空域，给出行为特征描述符 3D SIFT。该算法将 SIFT 特征点邻域中每个像素的梯度及方向映射到一个带高斯权重的 M×M×M 立体像素单元中，其中 3D SIFT 中的方向包括方向角（8 个量化方向）和俯仰角（4 个量化方向），在方向映射时先用立体角进行归一化并使主方向对齐，最后统计每个立体单元的时空梯度值并构成一维向量，将所有单元对应的向量归一化后拼接在一起构成 3D SIFT 特征描述符。

2008 年，Laptev[59]等组合 HOG 和光流方向直方图（Histograms of Oriented Optical Flow，HOF）特征来描述检测到的 STIP 特征点。该方法在 STIP 特征点周围 N×N×M 的立体像素空间内分别进行 HOG、HOF 特征统计，再归一化 HOG、HOF 特征，最后将拼接归一化的 HOG 和 HOF 特征作为 STIP 特征点的行为时空特征。

2008 年，Klaser[60]等注意到 3D SIFT[58]因为极值点的奇点性会导致直方图显著变小的问题，给出了 HOG3D 特征描述符，其计算过程如图 1-7 所示。HOG3D 对方向角度特征计算采用 12 面体表示法，将邻域内的方向映射到距离最近的一面。

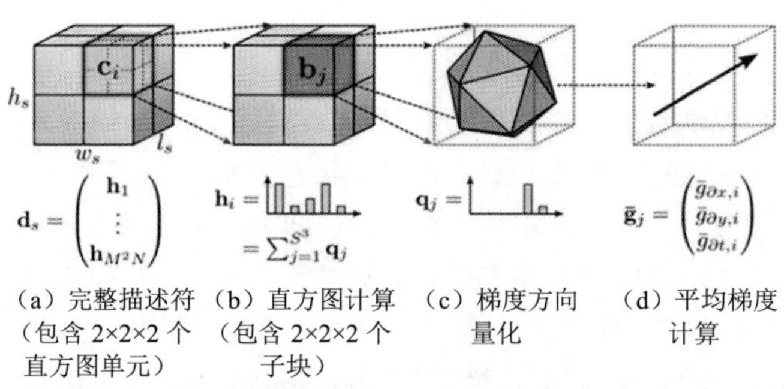

图 1-7　行为局部特征 HOG3D 计算过程

2008 年，Willems[44]等基于 Hes-STIP 特征点使用了三维 SURF 描述符来描述行为局部特征。该描述方法与 3D SIFT 较为相似，在 Hes-STIP 特征点邻域获得 M×M×M 立体像素单元，再使用 Haar 小波响应代替 3D SIFT 的梯度求解。

2009 年，Yeffet[61]等结合图像块匹配算法的外观尺度不变性与适应性，将 LBP 算法扩展到视频行为识别领域，构造了局部三维模式（Local Trinary Patterns，LTP）

行为特征描述符。该算法有着很好的实时性，适用于在线行为识别需求。

2009 年，Chen[46]等给出了 MoSIFT 特征描述方法。该方法结合 SIFT 特征与 HOF 特征对 MoSIFT 特征点进行描述，得到 256 维的局部行为特征向量。该算法对人体行为的外观尺度及光照变化有着很好的鲁棒性。

2011 年，Wang[50][51]等给出用轨迹特征（Trajectory）、HOG、HOF 及运动边界直方图 （Motion Boundary Histogram，MBH）特征来描述稠密轨迹，其中轨迹特征是轨迹在相对空间平面的归一化坐标差值。2015 年，Lan[62]等在 Wang[52][53]等的 IDT 特征基础上考虑人体行为在时间尺度上的变化，通过在时间序列上进行多尺度采样，提取 IDT 特征后进行拼接组合，给出了时序多级特征堆叠（Multi-skIp Feature Stacking，MIFS）行为特征。

2014 年，Kantorov[63]等针对 DT 算法[50][51]进行改进，使用视频压缩域数据运动矢量代替视频帧间光流场后进行 HOF、MBH 特征计算，从而避免了耗时的稠密光流计算过程。Kantorov 等所提 MF 算法[63]比 DT 算法在速度方面提升了两个数量级。

2015 年，Shi[64]等给出了梯度边界直方图（Gradient Boundary Histograms，GBH）行为特征提取算法。该算法首先对视频图像帧在空间、时间上分别计算梯度得到时空梯度边界矩阵，然后基于局部模型[65]（Local Part Model，LPM）在时空梯度边界矩阵中获取人体行为局部特征。实验表明，GBH 局部特征显著优于基于梯度的局部特征如 HOG、HOF 等，且计算时间复杂度低，适用于实时行为识别场景。

行为特征建模是将视频中提取的行为局部特征，通过统计转换为一个定长向量来描述人体行为特征。主流行为特征建模模型为 BOVW 模型，该模型由 Schuldt[66]等首次引入行为识别领域。BOVW 模型主要分为五个步骤：①特征提取；②特征预处理；③字典生成；④特征编码；⑤池化及归一化。局部特征预处理用来消除原始特征描述信息中的噪声干扰，较常见的行为特征预处理方法有：PCA 和白化（Whitening）等。常用的行为特征字典生成方法有 K 均值[66]、稀疏编码[67]（Sparse Coding，SC）、高斯混合模型[68]（Gaussian Mixture Model，GMM）和局部线性约束编码[69]（Locality-constrained Linear Coding，LLC）等。行为特征编码算法主要有特征硬量化编码[70]（Vector Quantization，VQ）、特征软分配编码[71]（Soft-Assignment，SA）、稀疏编码和 Fisher 向量编码[72]（Fisher Vector，FV）等。常用的行为特征池化方法有最大池化（Max Pooling）和求和池化（Sum Pooling）。常用的特征归一化方法主要有 L1/L2 范数归一化（Norm Normalization）和指数归一化[72]（Power Normalization）等。

1.2.2 深度特征

1. 深度卷积特征

2007 年，Jhuang[74]等给出了基于 HMAX 神经网络模型的人体行为特征深度学习算法，如图 1-8 所示。该算法将模板匹配结果送入三层神经网络来学习人体行为特征描述，其中网络第一层采用局部最大池化，第二、三层则选择全局最大池化方式以保持人体行为的时空不变性。

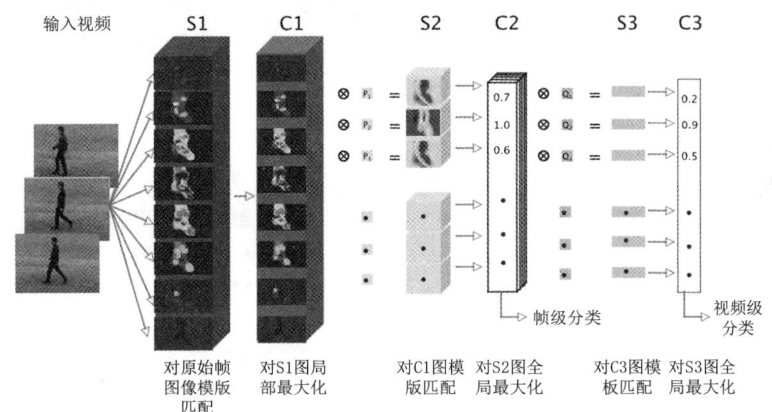

图 1-8 基于 HMAX 模型的人体行为特征学习算法

2010 年，Taylor[75]等在门控受限玻尔兹曼机[76]（Gated Restricted Boltzmann Machine，GRBM）基础上增加卷积特征学习、最大池化等步骤，给出了基于卷积门控受限玻尔兹曼机（Convolutional GRBM，convGRBM）的无监督人体行为特征学习算法。为了获取有效人体行为时空特征，Taylor 等改进传统 2D 卷积神经网络，使用 3D 时空卷积核对人体行为特征的局部特征进行提取。

2011 年，Le[77]等将图像领域独立成分分析（Independent Subspace Analysis，ISA）算法[78]扩展到视频行为识别领域，给出堆叠卷积 ISA（Stacked Convolutional ISA）深度行为特征学习框架。该算法将行为视频帧的多个 3D 卷积结果分别送入第一层 ISA 网络。对第一层 ISA 网络的输出结果进行 PCA 降维和白化以后，再送入第二层 ISA 网络提取人体行为深度特征。

2013 年，Ji[79]等将 2D 卷积神经网络扩展到行为识别领域，给出了基于 3D 卷积神经网络（Convolutional Neural Networks，CNN）的行为特征描述算法，如图 1-9 所示。该算法第一层 3D 卷积核的计算对象为连续 7 帧，每帧块（patch）大小是 60×40 像素构成的立体空间。该算法将连续 7 帧图像的灰度图、梯度（包括 X、Y 方向）、光流（包括 X、Y 方向）等信息分为 5 个通道信息送入 7×7×3 卷积核中分别进行卷积操作，再经历下采样、卷积、下采样、卷积之后合并 5 个通道的结果送入全连接层进行学习，获得人体行为特征描述。

2014 年，Karpathy[80]等基于 AlexNet 卷积神经网络模型[23]，从图像帧中获取低分辨率的全局图像及高分辨率的中心图像块，将其作为网络输入分别送入两个 AlexNet 中进行特征学习，然后在全连接层将两个卷积结果结合起来，将全连接层的输出结果作为视频行为特征描述。Karpathy 等还研究了多帧图像的 CNN 结果融合问题，比较了单帧（Single-frame）、多帧早期融合（Early Fusion）、多帧慢融合（Slow Fusion）及多帧后期融合（Late Fusion）对行为识别率的影响。

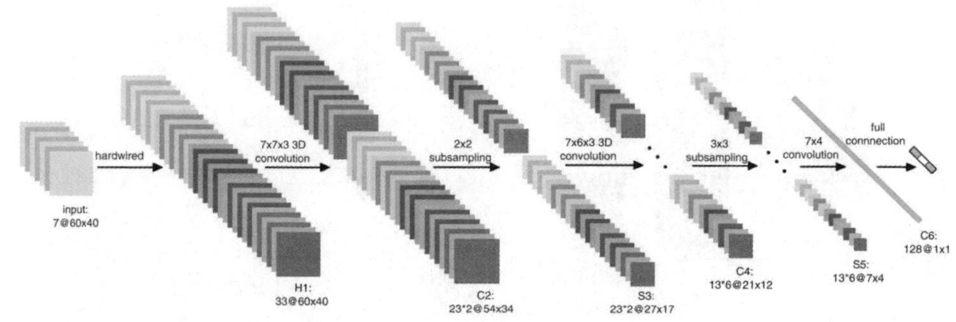

图 1-9 3D CNN 行为特征描述算法

2014 年，Simonyan[81]等将 RGB 图像块及其相应的光流作为 AlexNet 网络的输入，给出了基于双流卷积神经网络（Two-Stream ConvNets）的行为识别框架，如图 1-10 所示。Simonyan 等比较了连续多帧光流信息不同采样方法对行为识别率的影响，并实验验证了多任务学习（Multi-Task Learning）方法[82]能显著提升行为识别正确率。

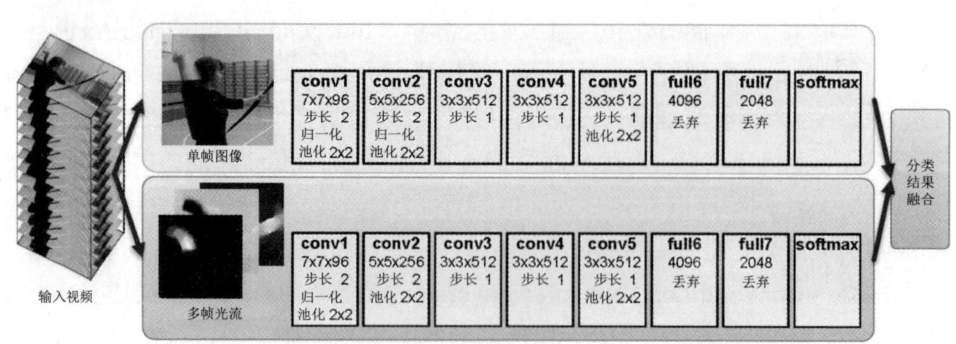

图 1-10 基于双流卷积神经网络的行为识别框架

2015年，Wang[18]等给出了基于轨迹池化的人体行为特征描述符（Trajectory-pooled Deep-convolutional Descriptors，TDD）。该方法在CNN特征基础上采用基于轨迹约束的池化方法量化视频。通过时空归一化和通道归一化方法，将CNN框架的分层矢量转换成具有强判别力的卷积特征，提高了TDD描述符的行为鲁棒性。

2015年，Weinzaepfel[83]等给出了人体行为时空运动直方图（Spatio-Temporal Motion Histogram，STMH）特征描述算法。该算法通过逐帧检测视频人物目标，将静态空间特征和动态运动融合到CNN框架中，计算出各个检测目标的相应得分后，使用跟踪算法对高分目标进行筛选，最后采用时空运动直方图作为描述符表征人体行为。

2016年，Zhang[84]等针对双流CNN算法[81]中光流计算复杂度过高的问题，借鉴MF算法[63]思路给出了EMV+RGB-CNN算法，如图1-11所示。该算法使用视频压缩域运动矢量替换光流，并选择迁移学习（transfer learning）方法将学习到的光流CNN模型参数迁移到运动矢量CNN。该算法使深度特征计算速度达到了390.7帧每秒（Frames Per Second，FPS），为双流CNN算法[81]速度的27倍，而行为识别率在UCF101行为数据集上仅比双流CNN算法低1.6%。

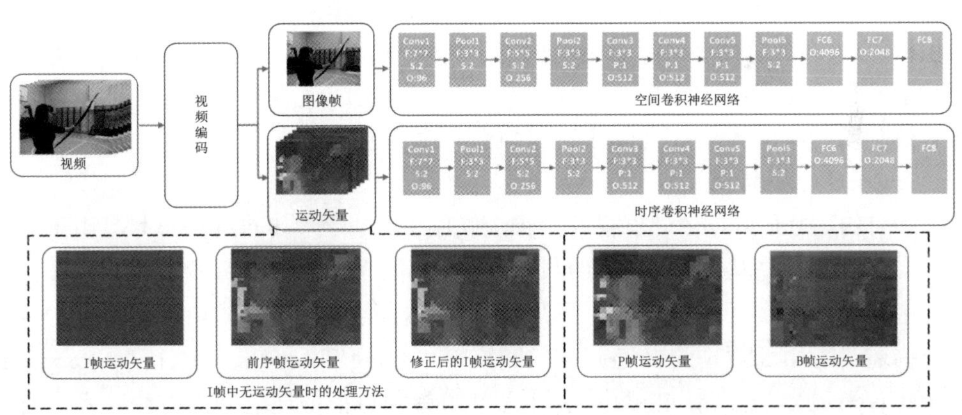

图1-11　EMV+RGB-CNN深度行为特征算法

2016年，Zhu[85]等针对现有深度卷积网络所用时空卷的行为类别标签单一，非关键时空卷可能包含其他行为特征而干扰卷积网络训练性能的问题，给出基于关键时空卷挖掘的深度卷积网络框架，在前向和后向传播阶段通过结合随机梯度下降法进行优化，从多峰分布中对关键时空卷进行采样，提高了深度卷积网络模型的行为特征表达能力。

2016 年，Souza[86]等设计了一种监督与无监督相混合的特征学习算法。该算法首先无监督提取 iDT[52][53]局部特征，然后对所有 iDT 特征进行 FV 编码并 L2 池化。该算法对无监督提取的行为特征基于监督和无监督的全连接网络进行特征降维处理，提取表征力强的行为特征。

2016 年，Peng[87]等给出多区域双流快速 R-CNN（multi-region two-stream faster R-CNN）模型来学习人体行为特征。该算法使用双流快速 R-CNN 在视频帧的多个感兴趣区域检测行为，通过关联帧级检测和 Viterbi 算法，再选择最大子序列方法在视频中定位行为动作，最后在这些检测到的行为区域内进行深度特征提取。

2016 年，Wang[88]等给出了基于行人/物体检测算法的深度特征学习框架，该算法不仅通过原始双流 CNN 共享大量模型特性，还利用场景、行人、物体的语义信息辅助提取更具辨识力的行为特征。

2016 年，Varol[89]等针对人体行为深度卷积特征算法的特征提取仅停留在视频单帧或者短时片段（short video clips）层面，难以在完整行为视频段内对人体行为进行建模的问题，给出了长时序卷积（Long-term Temporal Convolutions，LTC）网络模型来学习人体行为特征。

基于深度卷积神经网络学习的行为特征可以从大数据中自动学习特征表示，其中可以包含成千上万个参数。在已标注行为视频越来越多的情况下，基于深度卷积神经网络学习的行为特征逐步超越手工特征，成为主流行为特征提取方法。但基于卷积神经网络的特征学习仅能在单帧图像上或很少的几帧图像上进行，不能有效利用视频中人体行为变化过程中的时序信息。

2. 深度时序特征

2011 年，Baccouche[90]等将卷积神经网络 LeNet[91][92]扩展到 3D 域，用于行为识别。该方法首先从视频中提取 N 段 9 帧的图像立体块，在每段连续 9 帧图像立体块中直接进行多层三维卷积、下采样等操作，得到每段立体块的人体行为卷积特征描述。再用长短期记忆递归神经网络[93]（Long Short-Term Memory Recurrent Neural Network，LSTM RNN）学习这 N 个卷积特征描述之间的时序关系，得到最终行为特征描述。

2015 年，Wu[94]等给出人体行为深度特征混合学习框架来对视频多图像帧间的时序关系进行建模，如图 1-12 所示。该算法将多帧图像的双流 CNN 特征[81]中的 RGB 卷积特征和光流卷积特征分别送入双层 LSTM 网络学习动作的时序特征，再将它们融合起来构成人体行为特征。该算法还使用正则化特征融合网络（Regularized Feature Fusion Network，RFFN）对 RGB 特征和光流特征进行融合，获取视频级（video-level）行为特征。

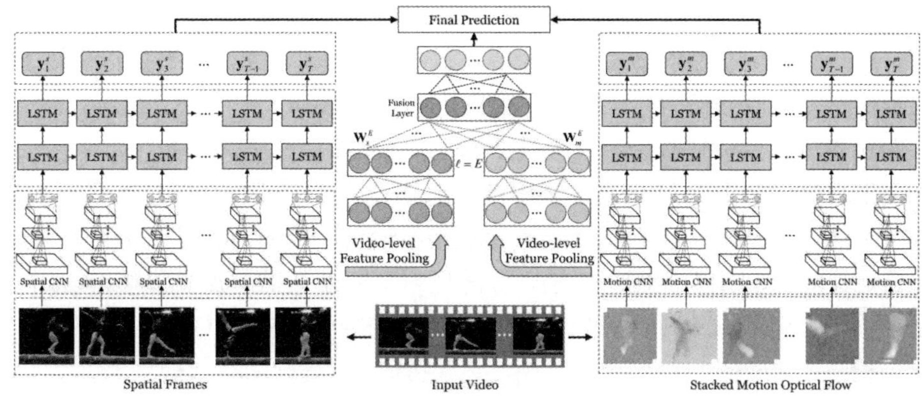

图 1-12 人体行为深度特征混合学习框架

2015 年，Fernando[95]等考虑行为视频帧间的时序关系，给出了 VideoDarwin 算法。该算法假定人体行为是随着时间演化（evolution over time），采用排名机[96]（Ranking Machine）来描述单帧行为特征之间的这种时序演化过程，从而生成人体行为时序特征描述。

2015 年，Ng[97]等给出使用卷积池化（Conv Pooling）、后期池化（Late Pooling）、慢池化（Slow Pooling）、局部池化（Local Pooling）和时间域卷积（Time-Domain Convolution）等方法对多帧卷积特征间的时序关系进行学习，实验表明卷积池化方法较其他方法更能改善行为识别率。Ng 等还给出使用 5 层 LSTM 网络结构来学习多帧卷积特征间的时序特征。

2015 年，Donahue[98]等给出长期递归卷积网络（Long-term Recurrent Convolutional Networks，LRCNs）算法学习人体行为特征。该方法与 Baccouche[90]等所提算法相似，区别在于前者选择了网络层数更深的 AlexNet 卷积神经网络，且采用端到端（end-to-end）的特征学习方式。Donahue 等首先从人体行为视频中提取 T 帧，基于每帧的 RGB 图像及光流图像使用 AlexNet 提取人体行为卷积特征，然后选择 LSTM 网络来无监督学习这 T 帧行为卷积特征间的时序特征。

2015 年，Srivastava[99]等针对行为视频的收集、标注工程繁重、费用昂贵等问题，基于 LSTM 网络模型设计了 LSTM 自编码器（Autoencoder）和 LSTM 预测器（Future Predictor）来无监督学习人体行为特征。该方法间隔 8 帧采样视频子段（每个子段连续采样 16 帧），基于子段进行深度时序特征学习、分类，然后将所有子段的分类预测结果取平均，作为最终分类结果。

2016 年，Lev[100]等结合 LSTM 网络和 Fisher 向量（Fisher Vector，FV）给出 RNN-FV 算法来学习人体行为视频帧间的时序关系。该算法首先基于 VGG Net[24]、

CCA[102]、C3D[103]等算法提取视频帧特征，经过 PCA 降维和 L2 归一化后送入 RNN 进行时序特征学习，获取最后全连接层权重的偏导数，在幂归一化、L2 归一化后经 PCA 降维处理得到人体行为特征描述。

2016 年，Wang[101]等给出时序分割网络（Temporal Segment Networks，TSN）行为识别框架，如图 1-13 所示。该算法首先将视频均匀拆分为三个片段，再从每个片段中随机选择一帧作为空间流卷积网络的输入，该帧前后连续多帧间获取的光流信息作为时间流卷积网络的输入。分别对三个片段的双流卷积网络输出结果进行合议（consensus），最后对合议的结果进行融合。

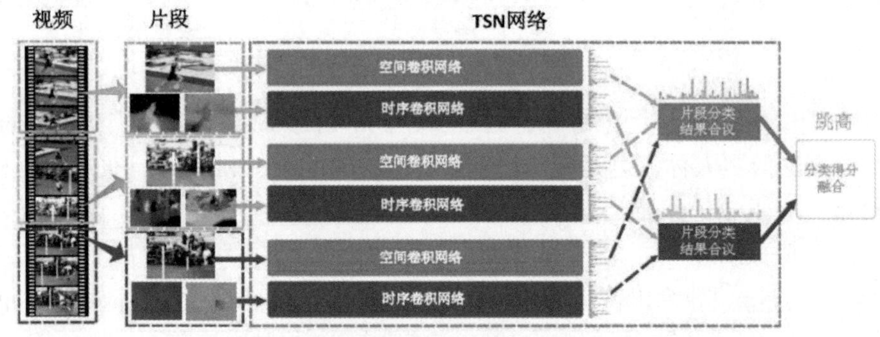

图 1-13 基于时序分割网络的行为识别框架

人体行为手工特征，无论全局特征还是局部特征，都是主要依靠研究者的先验知识进行设计，需要反复调参才能得到比较好的特征，所以手工设计出有效的行为特征过程较为漫长，往往需要五到十年才能出现一个受到广泛认可的好特征[73]。相比于手工特征，基于深度学习的行为特征是机器自动学习得到的，减轻了人工特征设计负担。除此之外，深度模型具有强大的学习能力、高效的特征表达能力，从像素级原始数据到抽象的语义概念逐层提取人体行为信息，使得人体行为深度特征成为行为识别研究新热点。

1.2.3 行为识别数据集

为了对比分析行为识别算法的识别性能，研究者先后构建了许多行为识别数据集。表 1-1 中列出了近五年行为识别研究文献中常用的一些人体行为数据集，更为详细的人体行为视频数据集介绍参见 Hassner[114]等的行为数据集综述。

从表 1-1 中我们可以看出，早期的人体行为视频数据集如 KTH[66]、Weizmann[32]、IXMAS[104]等的采集过程大多是研究者限定拍摄场景（如光照、相机抖动、多视角），选择固定的行为完成固定的行为动作，进行视频拍摄、剪辑及行为标注。这些数据集行为类别少，视频数量少，视频背景相对单一且固定，没有真正反映现实世界中复杂场景视频的行为特性。在互联网普及后，研究者从网络视频、电影及录制的体育视频中剪辑出需要的视频片段来构建行为数据集，如 UCF Sports[105]、UCF11[106]、Hollywood2[107]等。这些数据集的行为视频在无约束环境下获取，存在视频背景复杂、相机抖动差异显著、人体目标尺度差异大、行为持续时间长短不一、拍摄视角多样、分辨率大小不同等特点，对行为识别算法极具挑战性。下面详细介绍与本文实验相关的几个数据集：UCF50[111]、HMDB51[109]和 UCF101[113]。

表 1-1 主要行为识别数据集

序号	数据集名称	时间	类别数	视频段数量	视频来源
1	KTH	2004	6	600	控制场景拍摄
2	Weizmann	2005	9	81	控制场景拍摄
3	IXMAS	2006	11	110	控制场景拍摄
4	UCF Sports	2008	9	200	ESPN 等体育直播视频
5	UCF11	2009	11	1,168	YouTube 视频
6	Hollywood2	2009	12	3,669	69 部好莱坞影片
7	Olympic Sports	2010	16	800	YouTube 视频
8	HMDB51	2011	51	6,766	YouTube 视频
9	CCV	2011	20	9,317	YouTube 视频
10	UCF50	2012	50	6,676	YouTube 视频
11	ASLAN	2012	432	3,697	YouTube 视频
12	UCF101	2012	101	13,320	YouTube 视频
13	Sports-1M	2014	487	1,133,158	YouTube 视频

UCF50[111]是由中佛罗里达大学计算机视觉研究中心提供的人体行为数据集。该数据集由 UCF11 数据集扩展而来，视频源自 YouTube 网站，包含 50 类人体行为，总共有 6618 段视频。所有视频被分为 25 个相互独立的组，每个分组里至少有 4 段行为视频。

HMDB51[109]数据集由布朗大学 Kuehne 等提供。该数据集共包含 51 个行为类别，如攀爬（climb）、喝水（drink）、打高尔夫（golf）、骑马（ride horse）等。HMDB51 数据集中每类至少有 100 段视频，总共有 6766 个动作序列。HMDB51 数据集大部分是从网络上收集得到，场景复杂多变，人体目标的外观、拍摄的视角变化差异极大，且多包含全局运动，是目前最具挑战性的数据集。该数据集有原始版本（original version）和带全局运动补偿的版本（stabilized version）两个版本，多数行为识别算法基于原始版本进行算法验证。HMDB51 数据集的部分示例如图 1-14 所示。

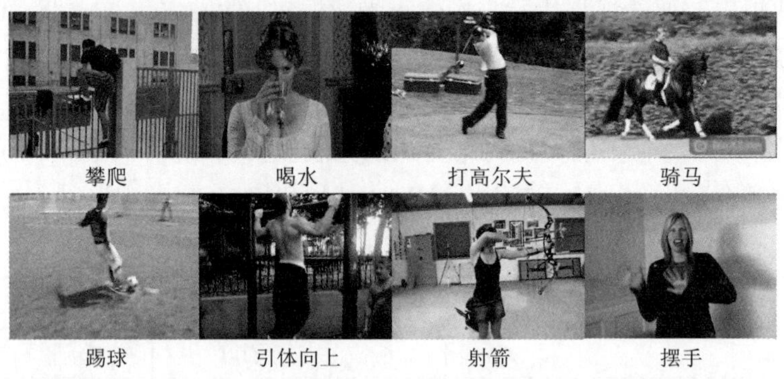

图 1-14　HMDB51 数据集部分人体行为示例

UCF101[113]数据集也是由中佛罗里达大学计算机视觉研究中心提供的人体行为数据集。该数据集在 UCF50 数据集上进行扩展，包含了 101 类人体行为，如跳水、骑马、骑自行车、遛狗等。每个行为类别又分为 25 组，每个组包含 4～7 个同类视频，共计 13320 段行为视频。UCF101 数据集中的所有行为又可以分为五个大类：人与物体交互（Human-Object Interaction）、简单人体运动（Body-Motion Only）、人-人交互（Human-Human Interaction）、乐器演奏（Playing Musical Instruments）、体育运动（Sports）。UCF101 数据集的部分示例如图 1-15 所示。

图 1-15　UCF101 数据集部分人体行为示例

1.3 存在的问题

深度特征学习模型有着极强的特征学习和高效的特征表达能力，使得人体行为深度特征成为研究新热点，许多新的深度特征算法不断被提出，但行为识别还远远没有得到有效的解决方法，仍存在以下问题亟待解决：

（1）行为视频帧鲁棒采样。受 GPU/CPU 内存容量限制，基于深度学习的行为特征提取方法不能把所有帧都送入 CNN/RNN 进行特征提取[115]，只能利用帧间图像信息的冗余性，从视频中采样一帧或者多帧作为该视频的代表帧来提取深度特征。在现有基于深度特征的行为识别算法中，视频帧采样方法主要有等量采样[81][94][101]和顺序采样[89][97-99]两种方法。这两种采样方法能够适应视频中人体行为持续时间长短变化，但是忽视了人体行为中多个动作（或者状态）持续时间变化的差异性，从而影响深度时序特征的行为表征能力。

（2）视频图像块鲁棒采样。行为视频来源各异，视频帧分辨率大小各不相同。但 CNN 网络只能接收固定分辨率（如 224×224[81]）的图像作为输入数据，所以对于从视频中采样到的行为视频帧，还要进行图像块采样，才能得到 CNN 输入数据所需分辨率的图像块。目前基于深度特征的图像块采样主要有图像缩放采样、图像中心采样和中心四角采样等三种图像块采样方法。第一种图像块采样方法会导致人体行为在视觉上产生形变；后一种采样方法在视频帧行为区域很小或者很偏时，会引入不包含行为的背景图像块。

（3）多模态特征及互补性。为了有效利用视频人体行为信息，当前深度特征提取算法先后引入原始 RGB 图像、灰度图像[79]、梯度[79]、RGB 差分图[101]、光流[81][87]、校正光流[101]等多种模态数据，以此作为 CNN 网络输入数据进行特征提取。但目前基于这些模态数据的深度行为特征研究比较零散，这些特征之间的互补性也还未得到充分研究。另外，近年新给出的运动边界（Motion Boundary）和梯度边界（Gradient Boundary）两种模态数据已被证实其行为表征能力显著优于以上模态数据。

（4）深度特征的实时性。光流能够很好地表达运动变化信息，在行为尝试特征中得到了广泛应用。然而，为了获取光流模态数据需要进行耗时的稠密光流计算。为了实时获取行为深度特征，Zhang[84]等在双流 CNN 算法[81]基础上借鉴 Kantorov 和 Laptev 算法[63]思路，采用视频压缩域的运动矢量（motion vector）数据替代光流数据给出了 EMV-CNN 算法。但 EMV-CNN 算法的不足之处在于没有将运动矢量中的全局运动干扰信息与人体行为信息区分开来，影响了行为识别率。

1.4 行为识别研究内容

本书从视频帧采样、图像块采样、多模态数据生成与卷积特征提取等方面的问题展开研究。具体研究内容如下：

（1）基于动作分解的行为识别。目前基于深度特征的行为识别算法中视频帧等量采样和顺序采样两种方法忽视了人体行为中多个动作（或者状态）持续时间变化的差异性，不能鲁棒表征动作时间的尺度变化。针对这一问题，本书深入分析了动作与视频帧相似性之间的关系，给出了基于动作分解的视频帧采样算法。具体内容包括：研究基于图像帧相似搜索的动作分解方法，给出基于动作分解的LSTM 神经网络时序特征学习框架，比较了视频子段中不同代表帧采样位置对行为识别性能的影响。

（2）基于运动显著性的行为识别。目前基于深度特征的图像缩放采样、图像中心采样和中心四角采样等方法，没有围绕人体视频帧行为区域来裁剪图像块。针对这一问题，本书改进运动显著性（motion saliency）检测算法，并将之应用于图像块采样，给出基于运动显著性的行为识别算法。该算法能根据行为显著运动区域来构建卷积网络所需的图像块，有效捕捉人体行为变化区域，提取到辨识力极好的人体行为特征。具体内容包括：研究行为视频中运动显著性检测算法，研究基于运动显著区域的图像块采样策略。

（3）基于多模态特征的行为识别。目前基于原始 RGB 图像、灰度图像、梯度、RGB 差分图、光流、校正光流等模态数据的深度行为特征研究比较零散，这些特征之间的互补性也还未得到充分研究，基于运动边界和梯度边界两种模态数据的深度行为特征，以及与其他模态数据的深度特征结合应用有待进一步研究。针对这些问题，本书将近年来新给出的运动边界和梯度边界两种模态数据引入深度特征提取过程中，并对所有模态特征进行了行为识别性能比较。

（4）基于实时全局运动补偿的行为识别。为了实时获取人体行为特征，Zhang[84]等在双流 CNN 算法[81]基础上借鉴 Kantorov 和 Laptev 算法[63]思路，采用视频压缩域的运动矢量（motion vector）数据替代光流数据给出了 EMV-CNN 算法。该算法的不足之处在于没有区分运动矢量中的全局运动信息和人体行为信息。针对这一问题，本书根据全局运动矢量的对称性和差分性理论，给出基于视频压缩域运动矢量的全局运动估计与补偿方法。

（5）基于局部最大池化特征时空向量的行为识别。为了有效解决视频理解中的一个重要问题：如何构建一个视频表示（其中包含整个视频上的 CNN 特征），我们提出了时空局部最大池化特征向量（ST-VLMPF）的超向量编码方法，用于人体行为的局部深度特征编码。特征分配在两个级别上进行，通过使用相似性和时空信息。对于每个分配，我们构建了一个特定的编码，专注于深度特征的性质，旨在捕获网络最高神经元激活的最高特征响应。ST-VLMPF 明显比一些广泛使用且强大的编码方法（改进的 Fisher 向量和局部聚合描述符向量）拥有更可靠的视频表示，同时保持了较低的计算复杂度。

（6）基于姿态运动表示的行为识别。不少行为识别方法依赖于 two-stream 结构，独立处理外观和运动信息。这两种模态的信息融合起来为行为识别提供了丰富的行为特征。基于姿态运动表示的行为识别方法通过编码语义关键点的运动来构建新的行为特征。语义关键点定义在人体关节上，这种姿态运动表示称为 PoTion。具体来说，首先用效果最好的人体姿态估计器[185]在每一帧中提取人体关节的热图，再通过时间聚合这些概率图来获得 PoTion 特征表示。计算方法是通过视频剪辑中帧的相对时间“着色”每个概率图并对它们进行求和。PoTion 这一针对整段视频剪辑的固定大小行为特征表示适合使用浅卷积神经网络对行为进行分类。

（7）基于动态运动表示的行为识别。在许多最近的研究工作中，研究人员使用外观和运动信息作为独立的输入来推断给出视频中正在发生的行为。我们提出了人体行为的最新表示方法，同时从外观和运动信息中获益，以实现更好的动作识别性能。我们从姿势估计器开始，从每一帧中提取身体关节的位置和热图，使用动态编码器从这些身体关节热图中生成固定大小的表示。实验结果表明，使用动态运动表示训练卷积神经网络优于目前最好的行为识别模型。

（8）基于运动增强 RGB 流的人体行为识别。虽然将光流与 RGB 信息结合可以提高行为识别性能，但准确计算光流的时间成本很高，增加了行为识别的延迟。这限制了在需要低延迟的实际应用中使用 two-stream 方法。我们给出了两种学习方法来训练一个标准的 3D CNN，它们在 RGB 帧上运行，模拟了运动流，因此避免了在测试阶段进行光流计算。首先，将基于特征的损失最小化并与 Flow 流进行比较，所提深度神经网络以高保真度再现了运动流信息。其次，为了有效利用外观和运动信息，我们通过特征损失和标准的交叉熵损失的线性组合进行训练，用于行为识别。

第 2 章　基于动作分解的行为识别

2.1 引　　言

受 GPU/CPU 内存容量限制，基于深度特征的行为识别方法不能将行为视频中所有图像帧输入到 CNN 或者 RNN 网络中进行端到端特征提取[115]，其解决方法是利用视频帧之间图像内容相似性和冗余性，从行为视频中采样一帧或者多帧作为代表帧来提取深度特征。目前视频帧采样方法主要有等量采样[81][94][101]和顺序采样[89][97-99]两种。Simonyan[81]等使用等量采样方法从每段行为视频中等间隔提取 25 帧进行深度卷积特征提取并进行行为识别，最后取 25 个识别结果的均值作为最终行为类别结果。Wang[101]等则将视频均分为 3 个子段，从每个子段中随机采样 1 帧，基于这 3 个代表帧及其相邻帧进行 TSN 时序特征提取。Donahue[98]等采取顺序采样方式，从第一帧开始连续取 16 帧计算 CNN 卷积特征和 RNN 时序特征，并基于时序特征进行行为识别，然后每间隔 8 帧重复以上操作，最后对所有行为识别结果取均值作为该视频的行为分类结果。Varol[89]等采用了与 Donahue[98]等相似的采样策略，连续采样帧数为 16 帧（或 60 帧），间隔帧数为 4 帧。Ng[97]等则从视频帧中截取 300 帧（不足 300 帧的从起始帧开始重复）以后，进行重叠间隔采样，连续采样帧数为 30 帧（或 120 帧）。

基于深度特征的行为识别算法采用等量采样[81][94][101]和顺序采样[89][97-99]等方法抽取视频代表帧进行深度行为特征提取，忽视了行为视频中人体动作持续时间的差异性。以 UCF101 数据集中“挺举”为例，这个行为类中行为视频帧数最少为 67 帧（时长 2 秒），最多的有 371 帧（时长 14 秒），行为持续时间差异显著。“挺举”过程可大致分为提铃、下蹲、上挺、保持等四个动作。由于运动员的个体差异等原因，这四个动作在不同“挺举”行为视频中持续时间长短不一。显然等量采样和顺序采样等机械的采样方式，不能鲁棒地从每个动作段中采样代表帧来适应“挺举”行为视频中多个动作持续时间的差异变化。

为解决这一问题，本章给出基于动作分解的行为识别算法，算法框架如图 2-1 所示。该算法首先将视频拆分为多个动作视频子段的集合，并从各视频子段中各采样一帧作为该子段的代表帧。然后计算代表帧及其前后连续帧间的光流，基于代表帧图像及相对应的光流强度图像，训练并获取空间 CNN 特征和运动 CNN 特征，然后将两者进行融合，得到该代表帧的 CNN 特征。将所有代表帧的 CNN 特征送入 LSTM RNN 网络，学习深度时序特征并预测行为类别。最后融合各阶段的识别结果，得到最终的行为类别。该算法主要创新点在于基于动作分解的视频帧采样，将动作分解转换为相邻帧间相似图像检索问题，通过图像帧二进制特征的海明距离拆分视频段，在初始视频子段基础上进行拆分、合并之后得到最终的动作视频子段，再从每个动作子段中采样代表帧，如图 2-2 所示。

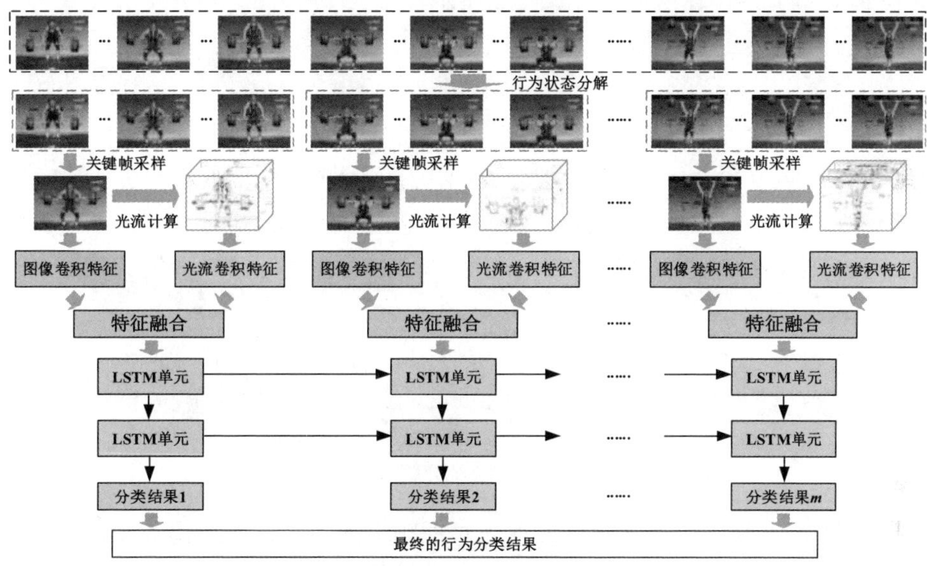

图 2-1 基于动作分解的行为识别框架

2.2 基于动作分解的行为识别框架

2.2.1 动作分解与代表帧采样

动作分解可形式化定义为：给定行为视频 $V=[v_1,\cdots,v_i,\cdots,v_n]$（其中 v_i 表示原始视频中第 i 帧图像，$i=1,2,\cdots,n$，n 表示视频序列中图像总帧数），将 n 帧分解为 m 个动作视频段：

$$V'=[S'_1,\cdots,S'_j,\cdots,S'_m],\ S'_j=[v_{k_{j-1}+1},\cdots,v_{k_j}] \tag{2-1}$$

式中：V' 表示动作视频子段集合；S'_j 表示第 j 个动作的视频子段，$j=1,2,\cdots,m$，

$k_0=0$，$k_m=n$。每个动作视频子段内帧与帧之间相似度高，而不同动作的视频子段的帧间相似度相对较低甚至完全不同。

从动作分解定义看，它与时序数据子空间聚类（Subspace Clustering of Sequential Data，SCSD）相似。但现有时序数据子空间聚类算法[116][117]基于监督学习模式，仅能应用于伸手、拍手等一些简单动作的拆分，不能满足本章动作分解要求。受 Ravanbakhsh[118]等关键帧采样算法启发，本章将动作分解转化为相邻帧间相似性检索问题，根据检索结果进行子段拆分，然后对视频子段进行拆分、合并得到动作子段，算法过程如图 2-2 所示。

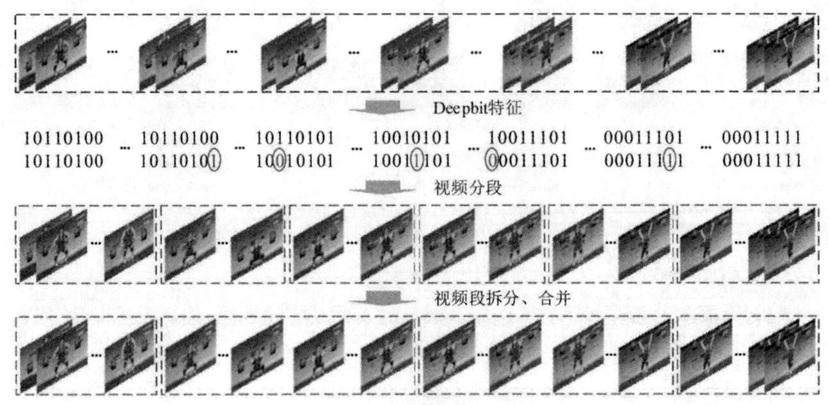

图 2-2 动作分解过程

如图 2-2 所示，动作分解算法首先对视频中的图像帧快速提取 Deepbit[119]特征。Deepbit 为最新图像匹配、检索二进制特征算法，可以无监督学习图像二进制特征。本章从 HMDB51 和 UCF101 数据集中各随机抽取十万帧图像，并从图像数据集 ImageNet[120]中随机采样十万张图片（以防训练参数过拟合），对 Deepbit 特征模型（二进制特征长度为 32bit）进行无监督训练确定模型参数，然后基于该模型对视频图像帧进行特征提取，得到 32 位 Deepbit 特征。

动作视频子段内任意两帧之间相似度高，所以其对应的 Deepbit 特征相同，两帧间 Deepbit 特征海明距离为 0。一旦相邻两帧间 Deepbit 特征海明距离为 1（有一个二进制位的值不同），我们则认为这两帧可能分属于不同动作视频子段，并在此处拆分视频子段。最终，根据视频中所有相邻帧间 Deepbit 特征海明距离为 1 的位置进行分解，得到一个包含 a 段初始视频子段的集合：

$$V_{temp}=[S_1,\cdots,S_p,\cdots,S_a],\ S_p=[v_{k_{p-1}+1},\cdots,v_{k_p}] \tag{2-2}$$

式中：S_p 表示第 p 个视频子段，$p=1,2,\cdots,a$，$k_0=0$，$k_a=n$。

受视频拍摄视角、光照等因素的影响，加上 Deepbit 算法性能的约束，拆分得到的这 a 段初始视频子段不一定与真实视频动作子段完全对应起来，本章基于它构造接近真实视频动作子段的视频子段集合来替代。具体方法如下：

如果 $m=a$，构造的动作视频子段集合为 $V'=V_{temp}$，$S'_j=S_p$，$p=j$。

如果 $m>a$，从视频子段集 $V_{temp}=[S_1,\cdots,S_p,\cdots,S_a]$ 中取出帧数最多的视频子段，从中间拆分为两个视频子段再放回集合中形成新的视频子段集；对新的视频子段集重复该拆分操作直至视频子段集中视频子段数达到 a，得到的视频子段集即为动作视频子段集 $V'=[S'_1,\cdots,S'_j,\cdots,S'_m]$。

如果 $m<a$，从视频子段集中选择帧数最少的视频子段，将该帧数最少的视频子段合并到其相邻的两个视频子段中帧数较少的视频子段里，形成新的视频子段集；对新的视频子段集重复该合成步骤，直至视频子段集中视频子段数达到 a，得到的视频子段集即动作视频段集 $V'=[S'_1,\cdots,S'_j,\cdots,S'_m]$。

最终得到动作视频子段集 $V'=[S'_1,\cdots,S'_j,\cdots,S'_m]$ 后，我们从各子段中获取其代表帧得到代表帧集，以便于后续特征提取及行为识别。对 $V'=[S'_1,\cdots,S'_j,\cdots,S'_m]$ 中各动作视频段 S'_j，从中采样一帧图像作为该动作视频段 S'_j 的代表帧 $s_{j\alpha}$，$s_{j\alpha}$ 的采样位置为 $Loc(s_{j\alpha})$，$Loc(s_{j\alpha})$ 为代表帧 $s_{j\alpha}$ 在原始视频序列 V 中的序号。采样位置 $Loc(s_{j\alpha})$ 的计算公式如下：

$$Loc(s_{j\alpha})=k_{j-1}+\left\lfloor\frac{\alpha}{2}(k_j-k_{j-1})\right\rfloor \tag{2-3}$$

式中：符号 $\lfloor\bullet\rfloor$ 表示向下取整数；α 为步长参数，$0<\alpha\leqslant 2$，$j=1,2,\cdots,m$，$k_0=0$，$k_m=n$。

最终得到代表帧集 $V_r=[s_{1\alpha},\cdots,s_{j\alpha},\cdots,s_{a\alpha}]$，其中，$s_{j\alpha}$ 表示第 j 个动作视频子段 S'_j 的代表帧。

2.2.2 CNN 特征学习与融合

基于代表帧集 $V_r=[s_{1\alpha},\cdots,s_{j\alpha},\cdots,s_{a\alpha}]$ 中的每个代表帧及其相邻帧，我们根据 Simonyan[81]等所提双流算法来提取 RGB 卷积特征和时序光流卷积特征，如图 1-10 所示。具体而言，每一个代表帧 $s_{j\alpha}$ 的 R、G、B 三通道数据作为 RGB 卷积网络的输入。代表帧 $s_{j\alpha}$ 及其前后连续 10 帧之间分别计算 X 方向（横向）和 Y 方向（纵向）上的光流，光流计算工具采用 OpenCV 中基于 GPU 实现的 Brox 算法[122]。每一个光流矩阵内进行数值归一化后，再线性放大到 0～255 的整数值，从而形成光流强度图像。这 20 个光流图像作为 20 个通道的光流数据送入光流卷积网络提取卷积特征。VGG-16 卷积网络模型已被实验证实优于 VGG-M-2048 模型[121]，本章基于 VGG-16 卷积网络模型提取 RGB 和光流卷积特征。

在卷积网络训练阶段，我们采用三种数据扩充策略来学习较为鲁棒的 CNN 网络模型[84]。一是从代表帧中随机采样 224×224 的图像块作为 CNN 网络输入；二是将这些采样的图像块水平翻转后作为 CNN 网络输入；三是使用空间尺度变化策略来增强 CNN 网络学习[121]，具体就是在代表帧的 1、0.875、0.75 三个尺度上获取分别为 224×224、196×196、168×168 图像块，然后再将它们放大为 224×224 大小的图像块。在行为识别测试的时候，我们不使用这些数据扩充方法，而只从图像帧中心处采样出 224×224 的图像块作为输入。

对于 RGB 卷积网络，我们将已在 ImageNet 数据集上预训练好的网络模型参数迁移过来作为我们 RGB 网络模型参数训练的初始参数，这能有效提升网络模型性能[121]。在我们的 RGB 网络参数训练过程中，网络初始学习率（learning rate）设置为 10^{-3}，以后网络训练每迭代四千次就将学习率下降十分之一，并在网络迭代训练一万次以后结束训练过程。将 RGB 卷积网络中最后两个全连接层的丢弃率（drop out ratios）设为 0.9。

光流卷积网络训练过程与 RGB 卷积神经网络训练类似，但是输入数据从 224×224×2 变成了 224×224×20 光流强度图像块。网络初始学习率设置为 10^{-3}，以后网络训练每迭代一万次学习率下降十分之一，并在网络迭代训练三万次以后结束训练过程。将光流卷积网络中最后两个全连接层的丢弃率分别设置为 0.9 和 0.8。

在提取代表帧的 RGB 卷积特征和光流特征后，考虑到人体行为的空间信息和时间信息的相关性，我们将它们融合起来以建立两个特征信息之间的联系。对于人体行为的空间与时间的相关性，我们以开门和关门的行为为例进行说明。如图 2-3 所示，简单地依靠人体行为的空间信息是无法确定人体目标是在开门还是在关门。如果将空间特征（如手靠在门上）和光流特征（如运动向左或者运动向右）融合起来就可以确定该行为是开门还是关门。

图 2-3　图像空间信息无法确定行为类别示例

基于代表帧 S 的 RGB 卷积特征 $X^s \in \mathbb{R}^{H\times W\times D}$ 和光流卷特征 $X^s \in \mathbb{R}^{H'\times W'\times D'}$，特征融合函数可定义为：$f: X^s, X^m \to X^{conv}$，其中 $X^{conv} \in \mathbb{R}^{H''\times W''\times D''}$ 为融合后的输出特征，W、H 和 D 分别为特征图的宽宽、高度和通道数。这里我们采用 Feichtenhofer[123]等给出的卷积融合方法。卷积融合公式如下：

$$X^{conv} = X^{cat} * f + b \tag{2-4}$$

式中：$f \in \mathbb{R}^{1\times1\times2D\times D}$ 为卷积核函数；$b \in \mathbb{R}^D$ 为偏置项。

拼接函数 $X^{cat} = f^{cat}(X^s, X^m)$ 将RGB特征和光流特征中相对应像素点位置的数据拼接在一起，具体拼接方法如下：

$$x^{cat}_{h,w,2d} = x^s_{h,w,d} \quad x^{cat}_{h,w,2d-1} = x^m_{h,w,d} \tag{2-5}$$

式中：$x^s, x^m \in \mathbb{R}^{H\times W\times D}$；$y \in \mathbb{R}^{H\times W\times 2D}$；$1 \leqslant h \leqslant H$；$1 \leqslant w \leqslant W$；$1 \leqslant d \leqslant D$。

2.2.3 动作时序建模

行为视频中各个动作的代表帧之间时序信息的建模我们采用 Wu[94]等给出的双层 LSTM 循环神经网络学习框架来实现。LSTM 循环神经网络带有可控存储单元，适于较长时序信息的建模，消除了传统循环神经网络中容易出现的“梯度消失”问题。对于行为视频中各个动作的代表帧的特征集合 $X^{conv} = \{x_1, \cdots, x_j, \cdots, x_m\}$，LSTM 网络递归计算各个 LSTM 网络单元的激活值，得到输出结果 $Y_{lstm} = \{y_1, \cdots, y_j, \cdots, y_m\}$。LSTM 循环神经网络单元结构如图 2-4 所示，单元中各参数函数关系如下：

$$\begin{aligned}
i_t &= \sigma(w_{xi}x_t + w_{hi}\mathrm{h}_{t-1} + w_{ci}c_{t-1} + b_i),\\
f_t &= \sigma(w_{xf}x_t + w_{hf}\mathrm{h}_{t-1} + w_{cf}c_{t-1} + b_f),\\
c_t &= f_t c_{t-1} + i_t \tanh(w_{xc}x_t + w_{hc}h_{t-1} + b_c),\\
o_t &= \sigma(w_{xo}x_t + w_{ho}\mathrm{h}_{t-1} + w_{co}c_t + b_o),\\
h_t &= o_t \tanh(c_t)
\end{aligned} \tag{2-6}$$

式中：x_t 是输入特征，$1 \leqslant t \leqslant m$；$\mathrm{h}_t$ 为输出结果（同时也是后续单元 LSTM_{t+1} 的隐性输入）；i_t、f_t、c_t、o_t 分别是输入门（Input gate）、遗忘门（Forget gate）、记忆单元（Cell）和输出门（Output gate）的激活向量；$w_{\alpha\beta}$ 为 α 和 β 之间的权重，例如 w_{xi} 为输入特征 x_t 和输入门 i_t 之间的权重参数；b_α 则为偏置项；α 是 sigmoid 函数，定义为 $\sigma(x) = 1/(1+\mathrm{e}^{-x})$。

如图 2-4 所示，当上一层输出作为下一层的输入时，LSTM 网络单元可以很容易地堆叠出多层 LSTM 网络。为了便于比较，我们采用 Wu 等给出的两层 LSTM

网络[94]，上层 LSTM 网络使用 1024 个隐含单元，下层使用 512 个隐含单元。我们使用时序反向传播（Back Propagation Through Time，BPTT）算法来并行学习网络参数，最小组（mini-batch）大小设为 10，学习率设为 10^{-4}，动量因子（momentum）设为 0.9，整个网络训练在迭代 15 万次以后结束。

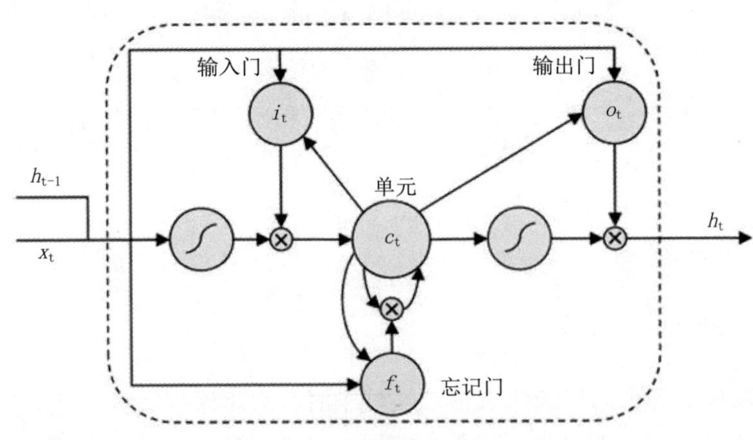

图 2-4 LSTM 循环神经网络单元结构

LSTM 网络的输出结果为 $Y_{lstm}=\{y_1,\cdots,y_j,\cdots,y_m\}$。对 LSTM 输出结果的处理有四种方式[97]：①直接将最后的结果 y_m 作为行为分类结果；②从所有结果中选择概率值最大的作为行为分类结果；③对分类结果进行概率求和，然后选择求和结果中概率值最大的作为行为分类结果；④所有结果从前往后线性乘以 0～1 之间的权重值 $1/m$。因为第四种方法相对更能综合各阶段的分类结果，有助于提升行为分类性能，本章采用该方法融合多个阶段的分类结果，计算公式如下：

$$y_{final}=\sum_{j=1}^{m}\frac{j}{m}y_j \tag{2-7}$$

2.3 实验及结果分析

2.3.1 实验数据集及设置

本章基于 UCF101[113]数据集和 HMDB51[109]验证所提算法的有效性。

UCF101 数据集是由中佛罗里达大学计算机视觉研究中心提供的人体行为数据集。该数据集在 UCF50 数据集上进行扩展，包含了 101 类人体行为，每个行为类别又分为 25 组，每个组包含 4～7 个同类视频，共计 13320 段行为视频。该数据集视频在进行行为识别实验时分为三组训练/测试视频[113]：split1、split2 和 split3。我们按照这一标准设置进行实验，并以三组视频的行为识别率的平均值作为最终结果。

HMDB51 数据集由布朗大学 Kuehne 等提供。该数据集共包含 51 个行为类别，每个类别中至少包含 100 段视频，总共有 6766 个动作序列。该数据集视频在进行行为识别实验时也分为三个训练/测试分组（split）。每个分组的每一类行为视频中包含 70 段训练视频和 30 段测试视频。我们也遵照 HMDB51 的设置，将基于三组的平均识别率作为最后结果。因为 UCF101 数据集视频总量远多于 HMDB51 数据集，所以在进行卷积特征训练时，将在 UCF101 数据集上已训练好的网络参数模型迁移过来作为初始训练参数。

2.3.2 算法参数分析

首先评估公式（2-1）中参数 m 的变化对行为识别准确率的影响。参数 m 控制从每段行为视频中提取的代表帧的数量，我们取参数值 2～10 进行实验。评估实验在 UCF101 数据集的 split1 分组上进行。公式（2-3）中的参数 α 固定为 1，RGB 卷积特征和光流卷积特征在 RELU5_3 层进行卷积融合。实验结果如图 2-5 所示，可以看出，参数 m 取值为 2 时行为识别准确率最低，随着取值的增加识别准确率逐步增加，在 m 取值为 7 时达到峰值后缓慢下降。这说明参数 m 取值并不是越大越好。在本章后续实验中参数 m 固定取值为 7，即从每段视频中提取 7 个动作代表帧进行特征提取。

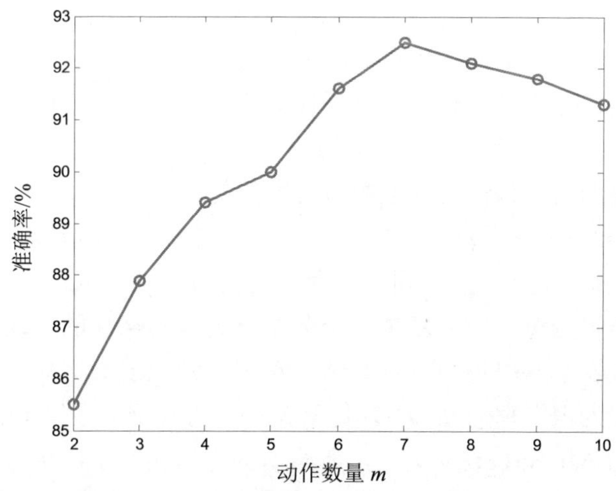

图 2-5 参数 m 变化对行为识别准确率的影响（基于 UCF101 split1）

我们再评估公式（2-3）中参数α的变化对行为识别准确率的影响。参数α决定从每段动作视频子段中的什么位置提取代表帧。评估实验在UCF101数据集的split1分组上进行。公式（2-1）中的参数m固定为7，RGB卷积特征和光流卷积特征在RELU5_3层进行卷积融合，实验结果如图2-6所示。从图2-6中可以看出，参数α取值为1时行为识别准确率达到峰值，所以在本章后续实验中参数α固定取值1。

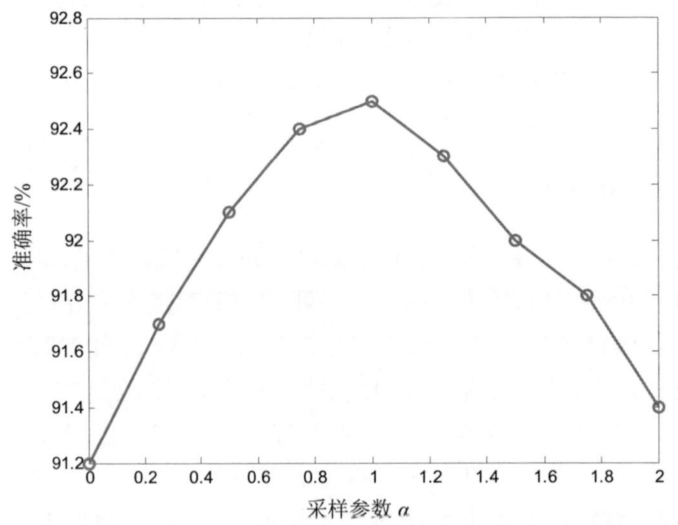

图2-6 参数α变化对行为识别准确率的影响（基于UCF101 split1）

2.3.3 采样策略比较

为了评估基于动作分解的帧采样方法的有效性，我们将其与顺序采样和等量采样两种采样方法进行比较。对于顺序采样，我们遵照[98][99]中的采样方法，从每个视频中顺序提取16帧，间隔8帧，再顺序采样16帧，依次类推，将每段16帧数据送入本章所提到的行为识别框架中进行特征提取、行为识别。对于等量采样，我们按照Simonyan[81]等所提算法中的采样方法，每段视频均匀采样25帧送入本章所提行为识别框架中进行特征提取、行为识别。实验评估在UCF101和HMDB51数据集上进行，结果为每个数据集中三个分组行为识别结果的平均值，实验结果如表2-1所示。从表2-1中我们可以看出，对于UCF101数据集，基于动作分解的帧采样方法的行为识别率为93.7%，比等量采样方法提升了1.9%，比顺序采样方法高2.4%。在HMDB51数据集上，所给出的方法相对于次优方法的平均改进为3.5%。实验结果说明基于运动分解的视频帧采样更能适应动作时长差异变化。

表 2-1 不同采样策略的行为识别率比较

采样策略	UCF101	HMDB51
顺序采样	91.3%	65.1%
等量采样	91.8%	66.0%
基于动作分解的采样	**93.7%**	**69.5%**

注：表中数据加粗表示其为最优采样策略。

2.3.4 与前沿算法比较

我们将本章所提基于运动分解的行为识别框架在 UCF101 和 HMDB51 数据集上与前沿算法进行比较，行为识别结果为每个数据集中三个分组行为识别结果的平均值，比较结果如表 2-2 所示。

表 2-2 本章所提算法与前沿算法比较

研究人员	UCF101	HMDB51
Donahue[98]等	82.7%	—
Srivastava[99]等	84.3%	44.0%
Wang[53]等	86.0%	60.1%
Simonyan[81]等	88.0%	59.4%
Ng[97]等	88.6%	—
Bilen[124]等	89.1%	65.2%
Wang[18]等	90.3%	63.2%
Wu[94]等	91.3%	—
Fernando[125]等	91.4%	66.9%
Wang[126]等	92.4%	62.0%
Feichtenhofer[123]等	92.5%	65.4%
Zhu[85]等	93.1%	63.3%
Ours	**93.7%**	**69.5%**

注：表中数据加粗表示其为最优算法。

基于运动分解的行为识别框架与 Feichtenhofer[123]等所提算法相比，在后者基础上增加了 LSTM 时序特征学习过程，行为识别率（93.7%，69.5%）比后者（92.5%，65.4%）在两个数据集上分别提升了 1.2%和 4.1%，说明基于 LSTM 网络获取行为时序特征能有效提升行为识别性能。本章所提行为识别框架中的 LSTM 网络结构采用了 Wu[94]等所提双层 LSTM 神经网络结构，但我们所提算法的行为识别率比

Wu 等算法在 UCF101 数据集上提升了 2.4%，主要原因是所提算法在该 LSTM 网络算法基础上增加了比等量采样方法鲁棒性更好的基于动作分解的视频帧采样方法，并结合了像素级卷积特征融合方法。

从表 2-2 中我们还可以看出，前沿算法中只有 Wang[53]等所提算法为手工特征提取算法，其他都是基于深度学习算法提取深度特征，证实了深度特征已全面替代手工特征成为行为识别领域新的热点。Simonyan[81]等所提双流卷积特征算法为首次超越手工特征的深度特征算法，其在 UCF101 和 HMDB51 数据集上的行为识别率分别为 88.0%和 59.4%。近两年较有竞争力的行为特征算法[18][85][123][126]都是在双流卷积特征算法[81]基础上进行改进。Wang[18]等所提 TDD 算法融合了双流卷积特征和手工特征 iDT[53]算法，行为识别率比双流卷积特征在 UCF101 和 HMDB51 数据集上分别提升了 2.3%和 3.8%。Feichtenhofer 等在双流卷积特征基础上增加了行为“因果”时序关系约束，有效提升了行为识别率。Wang[126]等所提算法比双流卷积特征在 UCF101 和 HMDB51 数据集上分别提升了 4.4%和 2.6%。Feichtenhofer 等则通过 3D 卷积方法在双流卷积特征基础上学习多帧卷积特征之间的时序关系，比双流卷积特征在 UCF101 和 HMDB51 数据集上分别提升了 4.5%和 6%。Zhu[85]等在双流卷积特征基础上通过结合随机梯度下降法进行优化，从多峰分布中对关键时空卷进行采样，提升了双流卷积特征的行为特征表达能力，行为识别率比双流卷积特征在 UCF101 和 HMDB51 数据集上分别提升了 5.1%和 3.9%。本章所提行为识别框架提取的深度时序特征的行为表征能力较前沿算法更优，在 UCF101 和 HMDB51 两个数据集上分别取得最高识别率。

2.4 本章小结

本章首先分析了人体行为深度特征学习中顺序采样和等量采样等两种方法存在的缺陷，然后给出了基于动作分解的行为识别框架。该算法框架的主要思路就是利用动作子段连续帧间相似性及动作视频子段之间的差异性，基于图像二进制特征对视频帧进行相似性检索并划分出动作视频子段，再从动作视频子段中筛选时序动作对象的代表帧，然后基于代表帧及其相邻帧提取 RGB 卷积特征和光流卷积特征。本章还采用了卷积融合方法来表征 RGB 卷积特征和光流卷积特征之间在像素级相关性，在获得卷积融合特征后，我们使用两层 LSTM 循环神经网络来学习人体行为多个动作间的时序变化特性。实验表明，本章提出的基于动作分解的行为识别框架在 UCF101 和 HMDB51 数据集上的行为识别性能明显优于前沿算法。

第 3 章　基于运动显著性的行为识别

3.1 引　　言

行为视频数据来源复杂，视频帧分辨率大小各不相同，但行为特征卷积神经网络的输入数据是固定尺寸的，如 224×224、227×227 等。这使得视频帧数据在送入卷积神经网络之前需要对帧数据进行空间图像块采样。视频帧空间图像块采样分为训练阶段采样和测试阶段采样。在卷积神经网络模型参数训练阶段，一般都使用随机采样方法从视频帧中剪取固定大小分辨率的视频帧数据，送入卷积神经网络进行训练以防过拟合，获取鲁棒的模型参数。在行为识别测试阶段，目前主要有三种图像块采样方法：图像缩放采样、图像中心采样和中心四角采样，如图 3-1 所示。图像缩放采样就是从图像中剪取卷积神经网络所需要的 $U\times V$（多数深度行为特征算法中取 $U=V$）分辨率大小的图像块。例如，Weinzaepfel[83]等先将视频帧数据缩放到 227×227 大小的图像块，再送入卷积神经网络进行特征提取。图像中心采样就是从视频帧正中心剪取一块 $U\times V$ 大小的图像块。Zhang[84]等使用该方法从视频帧中心裁剪一块 224×224 大小的图像块作为 EMV-CNN 网络输入。中心四角采样则是从视频图像帧的中心和四个角上各采样一个分辨率为 $U\times V$ 大小的图像块送入卷积神经网络。例如，Simonyan[81]等从视频帧中心和四个角上分别剪取一个 224×224 大小的图像块，并将这 5 个图像块及其水平翻转图像块分别送入 CNN 网络进行特征提取，然后基于这些特征进行行为识别，最后将 10 个行为识别结果取均值，得到最终的行为识别结果。还有一些行为识别研究者将这些采样方法联合起来使用。Karpathy[80]等在基于单帧（Single-frame）行为识别时，采用图像缩放采样和图像中心采样两种方法各剪切一个图像块，然后对这两个图像块水平翻转，总共获得 4 个图像块送入卷积神经网络进行深度特征提取。

图像缩放采样方法没有考虑实际视频图像长宽比例对图像块产生的形变。从图 3-1 中我们可以看出，因为视频的长宽比一般为 4:3 或者 16:9，图像缩放采样方法将长宽不等的视频帧缩放到正方形图像块时会导致图像中人体目标产生较为严重的形变，对行为识别带来负面影响。当人体行为在视频帧出现的位置较偏且所占区域较小时，图像中心采样方法可能获取不到行为信息，或者只能获取到行为区域的一部分。中心四角图像块采样方法能够覆盖人体行为的全部区域，但也会引入完全没有人体行为发生的图像块来降低行为识别结果的准确性。如图 3-1 所示，中心四角采样方式得到的五个图像块中有两个是纯背景图像，没有人体行为变化信息存在，最终平均计算出来的行为识别结果肯定不理想。另外，因为视频源的复杂性，拍摄视频的镜头离人体行为的远近距离差异极大，使得人体行为在视频帧中区域占比也明显不同。这些采样方法难以鲁棒地适应这种行为区域占比变化。

如图 3-1 所示，现有的三种图像块采样方法都没有围绕视频行为出现的区域来裁剪图像块。如果能够从视频帧中检测到显著运动区域，并用这些区域来构建卷积网络所需要的图像块，就能有效捕捉人体行为变化信息，获取到辨识力较强的人体行为特征。视频帧中的人体行为发生区域检测，又称为视频运动显著性检测，已有相关文献研究，这里进行简要概述。

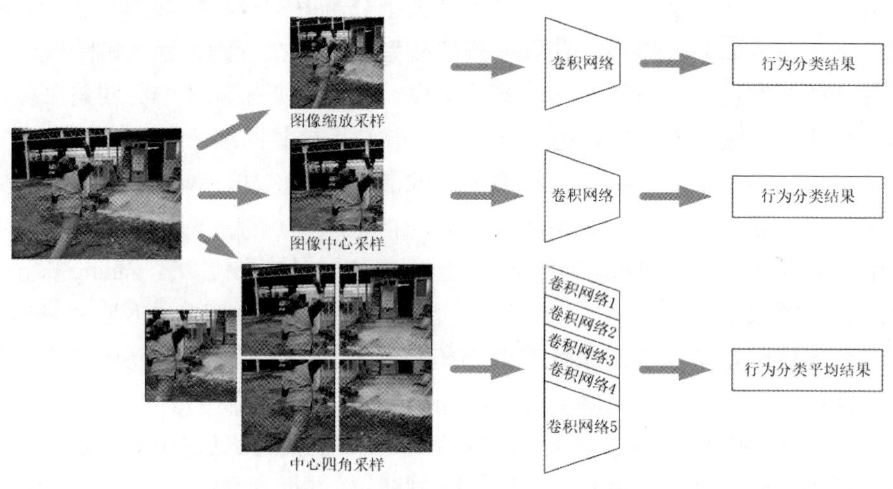

图 3-1　传统图像块采样方法示例

2009 年 Cui[127]等受基于光谱残差（Spectral Residual）的图像显著性检测算法[128]启发，给出了基于时间频谱残差（Temporal Spectral Residual）运动显著性检测算法。该算法在 X-T 和 Y-T 图像平面上进行傅立叶频谱分析，然后采用时间频谱残差自动分离显著性区域和图像背景，最后通过显著性多数投票（saliency majority voting）策略将两个平面的显著性区域合成为最终的显著性区域。Liu[129]等通过超像素的颜色独特性和稀疏度来衡量空间显著性，通过超像素运动的全局差异性来衡量时间显著性，最后通过一个自适应权值分配算法融合得到运动显著图。Zhou[130]等先对视频的进行超体素分割，通过超体素的外观对比度和运动对比度分别衡量空间显著性和时间显著性，最后通过线性算法融合空间显著性、时间显著性和位置先验信息得到运动显著性。Wang[131]等把视频帧的边缘和运动光流的梯度作为前景目标的位置信息，通过每个超像素与边缘超像素的测地距离计算空间显著性、时间显著性，最后通过一个能量函数融合时空显著性信息、外观信息、位置信息得到最终的时空显著性。Bao[132]等认为空间显著性和时间显著性都是由帧内或帧间像素之间的差异产生的，因此时空融合框架是存在计算冗余的。为提高计算效率，Bao 等将视频看作一组三维数据，通过对数据进行三维剪切波分解得到数据在多尺度、多方向上的特征表示，最后通过融合各个尺度、方向上的全局对比度获得时空显著性。郑云飞[133]等针对复杂背景和运动条件下视频显著性区域检测准确度不高的问题，根据具有相似空间特征或运动特征的区域具相似显著性的特点，将超像素显著性的时空一致性优化建模为包含当前帧和前一帧所有超像素的全局优化问题，给出了一个新的时空一致性优化模型，并基于该模型融合空间和时间显著图。Huang[134]等给出了基于轨迹的运动显著性检测算法。该算法首先从视频中提取特征点的时空相关轨迹，并用速度和加速度熵来描述轨迹。这样的轨迹描述方法能清晰地区分瞬时全局运动噪声和长时持续的目标运动，并能有效描述目标运动变化。Huang 等采用一分类（one-class）SVM 剔除全局运动轨迹，并通过对剩余轨迹应用扩散算法来突出显著性区域。Chen[135]等给出网格条件随机场算法（Lattice Conditional Ordinal Random Field，L-CORF）对视频局部区域的运动显著性进行排序。L-CORF 算法通过广义霍夫投票框架算法、一分类器以及相邻区域间的成对关系来对每个局部网格区域进行评分，并以此作为网格区域特征进行线性排序，得到每个局部区域的运动显著性排序结果。Wang[136]等给出了基于混合全卷积网络（Hybrid Fully Convolutional Network，H-FCN）的运动显著性检测算法。H-FCN 由 A-FCN（Appearance FCN）和 M-FCN（Motion FCN）组成，这两个全卷积网络利用深度学习模型分别从静态外观 RGB 图像和动态运动光流中估计视频帧的显著性，然后通过均值合成两幅显著性图像，得到运动显著性图像。H-FCN 算法有效利用了深度神经网络的优势来进行运动显著性检测，较其他算法取得了更好的检测效果，但其 M-FCN 部分是基于图像运动光流的，未考虑相机全局运动光流对人体行为运动光流造成的干扰。本章将对 H-FCN 算法进行改进，以便有效提升运动显著性检测性能。

当前，已有学者将运动显著性检测应用于行为识别，以改善行为识别性能。Luo[137]等分析了人体行为运动的突变（Sudden Change）性、时间同步（Temporal Synchrony）性、重复（Repetitive Motion）性、图像显著（Image Saliency）性，分别构建了这些特性的得分计算模型，用四项特性得分均值描述视频帧中的运动显著性，然后基于运动显著区域池化从行为视频中获取的局部 iDT 特征，得到人体行为描述符。Li[138]等给出了基于稀疏编码提取行为运动显著性检测算法，并将获取到的运动显著区域用于 iDT 特点筛选以及 iDT 特征池化。该算法首先基于 Somasundaram[139]等的人体行为特征稀疏表示算法学习多尺度学习行为运动的稀疏编码字典，然后基于稀疏字典提取视频帧的运动显著性。Li 等根据视频帧的运动显著区域首先过滤行为描述性不强的 iDT 特征点，然后用运动显著区域约束 iDT 特征的 K 均值码本训练过程，以获得更为高效的特征编码字典。以上两种基于运动显著性的行为识别算法，用于手工特征点的筛选和池化。与上述方法不同的是，本章对最新运动显著性检测算法 H-FCN 进行改进，并将之应用于深度卷积特征的输入图像块裁剪，以获取更为精确的人体行为区域。

本章给出的基于运动显著性的图像块采样方法及行为识别过程如图 3-2 所示。我们首先基于改进的 H-FCN 运动显著性检测算法检测视频运动显著性，然后基于检测结果提取运动显著性区域候选框（motion salient area proposal），在候选框基础上构建图像块裁剪区域，将获取的图像块缩放到卷积神经网络需要的分辨率大小，最后进行人体行为深度特征提取并完成行为识别。

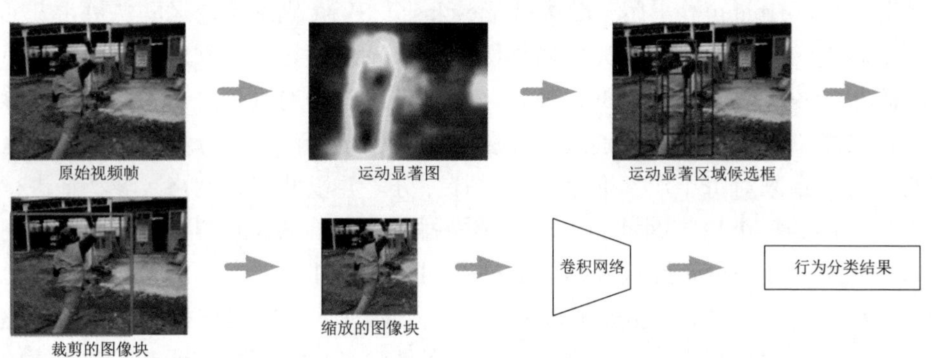

图 3-2　基于运动显著性的图像块采样方法及行为识别过程

3.2　H-FCN 算法及其改进

3.2.1　全卷积网络模型

卷积神经网络每个卷积层处理的特征图是一个 $w \times h \times c$ 的三维空间数据，其中 w、h 分别为特征图的高度和宽度，c 为特征图的通道数。卷积网络的一般包括卷积、池化和激活等三个基本操作。这些基本操作在特征图的局部区域进行，参数在输入图像或特征图的整个空间域中共享，使得特征映射具有转换不变性（translation invariance）。

设 $\mathrm{f}_{i,j}^{t} \in \mathbb{R}^{c_t}$ 为第 t 个卷积层中位置 (i, j) 处的特征向量，$\mathrm{f}_{i,j}^{t+1} \in \mathbb{R}^{c_{t+1}}$ 为第 $t+1$ 个卷积层中位置 (i, j) 处的特征向量，则有如下公式：

$$\mathrm{f}_{i,j}^{t+1} = h_{k,s}(\{\mathrm{f}_{si+\Delta i,sj+\Delta j}^{t}\}_{0\leqslant \Delta i,\Delta j\leqslant k}) \tag{3-1}$$

式中：k 为卷积核尺寸；s 为间隔步长；$h_{k,s}$ 为操作类型，包括卷积操作中的矩阵乘、池化操作中的平均或者最大池化、激活操作中的非线性激活运算等。

当深度卷积网络基于以上三种基本操作通过多层叠加组成，只包含公式（3-1）中的非线性滤波器时，我们称这样的深度卷积网络为全卷积网络[140]。全卷积网络可以看作是一组局部滤波器组成的深度滤波器对输入数据进行卷积操作，其网络连接决定了局部滤波器的接收域。

全卷积网络可以由那些已经广泛应用的卷积神经网络，如 AlexNet[23]、VGGNet[24]、GoogleNet[25]和 ClarifaiNet[26]等改造得到。具体做法就是将这些卷积网络的全连接层替换为卷积层。这样替换有两个优点，一是输入可以是任意尺寸的图像数据，而输出也可以是与输入相同尺寸的语义图；二是与这些传统卷积网络采用滑动窗口来处理大尺寸图像相比，全卷积网络可以直接处理大尺寸图像。正是这两个优点使得全卷积网络适用于运动显著性检测。用于运动显著性检测的全卷积网络损失函数可定义为[136]：

$$L(x,m;\theta) = \sum_{i,j} L'(x,m_{ij};\theta) \tag{3-2}$$

式中：x 为输入数据；m 为需要估计的运动显著图；θ 为网络模型参数。

3.2.2 H-FCN 算法

本节介绍 Wang[136]等给出的基于混合全卷积网络的运动显著性检测 H-FCN 算法。与图像显著性仅检测图像中静态显著目标不同的是，运动显著性包含人体目标和运动变化两个元素。所以运动显著性可由人体外观（appearance）和人体运动（motion）两部分来表征。H-FCN 算法如图 3-3 所示，该算法借鉴双流人体行为特征算法[81]思路，将 RGB 图像和光流分别送入 A-FCN 网络和 M-FCN 网络对静态人体目标和动态运动变化的显著性进行多尺度学习，然后基于多个显著图像的均值融合得到运动显著图像。

A-FCN 网络和 M-FCN 网络只是输入数据不一样，网络结构完全相同。A-FCN 网络输入为 $w\times h\times 3$ 的 RGB 图像，M-FCN 网络的输入为连续两帧 $w\times h\times 4$ 图像的光流数据。多数人体行为数据集只提供大致的人体目标框，而不是精确的人体目标分割图。所以只能基于人体目标框进行 H-FCN 网络弱监督学习。H-FCN 算法将人体目标框内所有像素的运动显著性设置为 1，目标框外所有像素的运动显著性设置为 0，然后基于公式（3-2）给出的交叉熵损失（cross-entropy loss）函数进行模型参数学习。

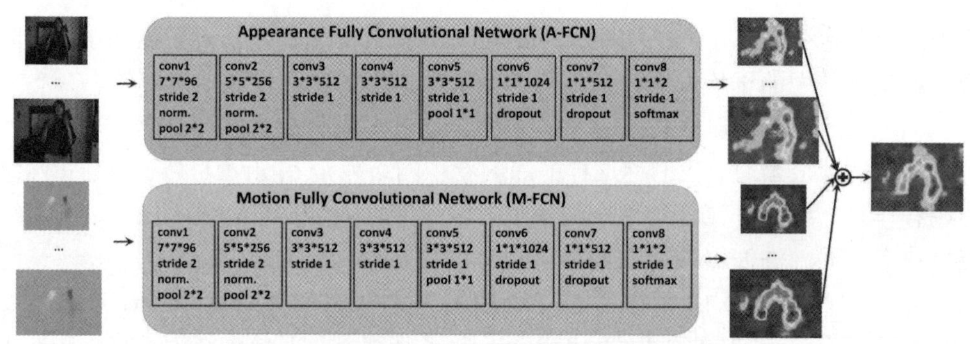

图 3-3 基于混合全卷积网络 H-FCN 的运动显著性检测框架

H-FCN 网络基于卷积神经网络 ClarifaiNet[26]上改建而成，首先将 fc6、fc7、fc8 三个全连接层替换为 conv6、conv7、conv8 三个卷积层，卷积核大小为 1×1，移动步长为 1×1。然后在第五个卷积网络层之后池化步长由 2×2 改为 1×1。H-FCN 网络的目标是估计出稠密的运动显著图，所以需要减少池化操作引起的下降采样率。最后，H-FCN 网络输出结果中每一个位置都是二维的，因为需要估计每个位置存在运动的概率。

H-FCN 算法在网络训练阶段保持原始尺度将视频帧的 RGB 图像和光流送入网络进行网络模型参数训练。在测试阶段，为了增强运动显著性检测的鲁棒性，H-FCN 采用多尺度检测方式进行。对于 RGB 图像和帧间光流分别构建$1/\sqrt{2}$、1、$\sqrt{2}$、2 等四个尺度的金字塔数据，送入网络中进行运动显著性提取，并将结果缩放到原始尺度后计算均值。

3.2.3 H-FCN 算法改进

H-FCN 算法的不足之处在于其 M-FCN 网络是基于图像运动光流进行运动显著性计算的，未考虑全局运动光流对人体运动光流造成的干扰。全局运动是行为视频在拍摄过程中由于相机移动或抖动产生的运动信息。为了有效抑制全局运动干扰，Wang[52][53]等将运动边界用于提取人体行为特征 MBH 并取得了很好的行为识别率。运动边界就是视频连续两帧图像间光流的 X 方向和 Y 方向梯度。运动边界通过像素间的梯度计算，消除了部分由相机运动引起的全局运动干扰，保留了人体行为的运动边界信息，使得人体行为运动变化的轮廓更加清晰，如图 3-4 所示。这里我们将运动边界作为全卷积网络输入数据，构造运动边界 FCN（Motion Boundary FCN，MB-FCN）来获取运动显著性信息，并将它与 A-FCN、M-FCN 融合使用，提升运动显著性检测性能。

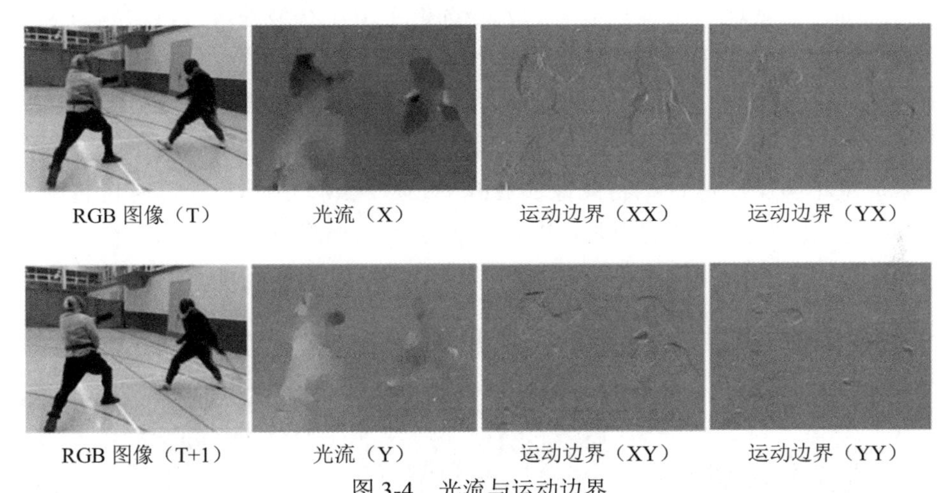

图 3-4 光流与运动边界

MB-FCN 网络采用与 A-FCN 和 M-FCN 网络一样的网络结构，并使用连续两帧图像的运动边界数据（$w \times h \times 8$）作为 MB-FCN 的输入。为了增强运动显著性检测的鲁棒性，MB-FCN 网络在测试阶段也采用多尺度检测方式进行，对运动边界分别构建$1/\sqrt{2}$、1、$\sqrt{2}$、2 等四个尺度的金字塔数据，送入网络中进行运动显著性提取，并将结果缩放到原始尺度后计算均值。运动边界只是在光流的基础上增加了简单的梯度计算，所以 MB-FCN 网络的计算时间复杂程度与 M-FCN 网络相当，但实验表明其运动显著性检测性能较 M-FCN 网络有明显改善。

3.3 基于运动显著性的图像块采样

在视频帧运动显著图像基础上，我们获取多个运动显著区域候选框，再基于候选框来裁剪卷积网络所需要的图像块。

本章采用非最大值抑制（Non-Maximum Suppression，NMS）采样方法从运动显著图像中生成运动显著候选框。首先将运动显著图像缩小到 32×32 像素尺寸大小。然后在任意尺寸的矩形框中计算积分图像得到每个矩形框的运动显著性得分，总计可以得到$32^4/2$个运动显著矩形框。最后，我们根据每个矩形框的显著性分数和它们之间的空间重叠性来对矩形框进行抽样，并使用非最大值抑制算法来提取显著性区域候选框。Wang[136]等实验表明五个候选框足以覆盖视频帧中的运动显著性核心区域，所以这里从每个运动显著图像中提取五个运动显著区域候选框。

基于运动显著性的图像块采样在运动显著区域候选框基础上进行，如图 3-5 所示。我们首先获取五个运动显著区域候选框上下左右最外边缘，得到覆盖所有运动显著区域的最大矩形框，并计算最大矩形框中心点位置，然后以该中心点为裁剪图像块的中心点，以最大矩形框长、宽中较大值 x 的 2 倍为边长，从原始 RGB 图像帧中裁剪 $2x\times 2x$ 像素的正方形图像块。如果中心点离图像帧上下左右图像边界像素数量不够 x 个时，则将图像块裁剪中心点从最大矩形框中心点位置向下、上、右、左移动相应数量的像素，以确保满足 $2x\times 2x$ 像素的正方形图像块尺寸要求。最后，将正方形图像块缩放到行为特征卷积网络分辨尺寸大小。

图 3-5　基于运动显著区域候选框的图像块采样过程

3.4　实验及结果分析

3.4.1　实验数据集及设置

本章基于 UCF101[113]数据集和 HMDB51[109]验证所提算法的有效性。

UCF101 数据集是由中佛罗里达大学计算机视觉研究中心提供的人体行为数据集。

该数据集在 UCF50 数据集上进行扩展，包含了 101 类人体行为，每个行为类别又分为 25 组，每个组包含 4～7 个同类视频，共计 13320 段行为视频。该数据集视频在进行行为识别实验时分为三组训练/测试视频：split1、split2 和 split3。实验中我们按照这一标准设置进行实验，并以三组视频的行为识别率的平均值作为最终结果。

HMDB51 数据集由布朗大学 Kuehne 等提供。该数据集共包含 51 个行为类别，每个类别中至少包含 100 段视频，总共有 6766 个动作序列。该数据集视频在进行行为识别实验时也分为三个训练/测试分组（split）。每个分组的每一类行为视频中包含 70 段训练视频和 30 段测试视频。我们也按照 HMDB51 的设置，将基于三组的平均识别率作为最后结果。因为 UCF101 数据集视频总量远多于 HMDB51 数据集，所以在进行卷积特征训练时，会将在 UCF101 数据集上已训练好的网络参数模型迁移过来作为初始训练参数。

3.4.2 改进的 H-FCN 算法分析

本节对 A-FCN、M-FCN 和 MB-FCN 进行比较分析，讨论他们联合使用对行为识别性能的影响。为了防止训练过拟合，A-FCN 使用已在 ImageNet 图像数据集训练好的模型参数作为网络训练初始参数[136]。网络初始学习率设为 10^{-2}，每迭代 1000 次就下降 1/10，并在迭代 3000 次以后结束网络训练。网络学习过程中，mini-batch 参数设为 100，momentum 参数设为 0.9。在网络训练阶段，训练图像缩放到 224×224 像素送入 A-FCN 网络，运动显著图像大小则为 14×14。在网络测试阶段，使用视频原始帧图像大小作为网络输入，并采用多尺度描述方法。对于 M-FCN 和 MB-FCN 网络，将连续两帧图像的光流和运动边界数据堆叠后作为网络输入数据。光流采用 TVL1 算法提取。网络的初始权重参数使用 A-FCN 网络学习到的模型参数。

我们使用双流卷积网络[81]来进行人体行为特征提取，并进行行为识别，在测试阶段将双流卷积网络中的中心四角图像块采样方法替换为本章所提基于显著性的图像块采样方法，其他相关网络参数设置及训练方法使用双流卷积网络算法默认设置。实验结果如表 3-1 所示。

表 3-1 改进的 H-FCN 算法比较

算法	UCF101	HMDB51
A-FCN	87.8%	60.3%
M-FCN	88.5%	61.5%
MB-FCN	90.3%	62.7%
H-FCN(A+M-FCN)	90.5%	63.4%
改进的 H-FCN(A+M+MB-FCN)	**92.7%**	**65.9%**

注：表中数据加粗表示其为最优算法。

从表 3-1 中我们可以看出，A-FCN 算法获取的是人体目标静态显著性信息，与基于运动变化信息的 M-FCN 和 MB-FCN 算法相比较，运动显著性区域检测精确性相对较弱，行为识别率最低，在 UCF101 和 HMDB51 数据集上分别为 87.8%和 60.3%。M-FCN 算法的行为识别率比 A-FCN 算法在 UCF101 和 HMDB51 数据集上分别提升了 0.7%和 1.2%。与 M-FCN 算法相比，本章所提 MB-FCN 算法在对全局运动干扰进行抑制后显著提升了运动显著性检测性能，从而提升了行为识别准确率。基于 MB-FCN 算法的行为识别率（90.3%，62.7%）比 M-FCN 算法（88.5%，61.5%）在 UCF101 和 HMDB51 数据集上分别提升了 1.8%和 1.2%，接近 A-FCN 和 M-FCN 算法的组合结果(90.5%,63.4%)。A-FCN、M-FCN 和 MB-FCN 算法组合使用达到了最好人体行为最佳识别率，在 UCF101 数据集上的行为识别率为 92.4%,在 HMDB51 数据集上为 65.8%,较 Wang 等所提的 H-FCN(A+M-FCN)算法分别提升了 2.2%和 2.5%。

3.4.3 图像块采样方法比较

本节比较图像缩放采样、中心四角采样、图像中心采样和本章所提的基于运动显著性的图像块采样方法。我们使用与上节一样双流卷积网络[81]来进行人体行为特征提取，并进行行为识别。在训练阶段采用与 Simonyan 等[81]相同的初始参数设置及模型训练方法。在测试阶段，分别采用图像缩放采样、中心四角采样、图像中心采样和本章所提的基于运动显著性的图像块采样方法从视频帧中提取图像块送入卷积网络进行人体行为特征提取，运动显著性检测算法使用本章改进的 H-FCN 算法。其他网络设置及行为识别过程使用双流卷积网络算法的默认设置。行为识别结果如表 3-2 所示。

表 3-2 图像块采样方法比较

采样方法	UCF101	HMDB51
图像缩放采样	86.2%	56.8%
中心四角采样	86.9%	58.0%
图像中心采样	88.6%	60.9%
基于运动显著性的图像块采样	**92.7%**	**65.9%**

注：表中数据加粗表示其为最优采样方法。

从表 3-2 中可以看出，图像缩放采样方法的行为识别率比图像中心采样方法在 UCF101 和 HMDB51 数据集上分别低 2.4%和 4.1%，说明图像缩放采样导致的人体目标形变对人体行为识别率的影响较为显著，即使从图像中心采样原始尺度的局部人体行为图像块也比其行为识别率高。图像缩放采样方法和中心四角采样方法的行为识别率差距较小，前者仅比后者在 UCF101 和 HMDB51 数据集上分别高 0.7%和 1.2%。图像中心采样方法[81]（88.6%，60.9%）与中心四角采样方法（86.9%，58.0%）相比行为识别率分别提高了 1.7%和 2.9%，说明中心四角采样方法[81]在保证人体行为区域全覆盖的同时也引入了一些无效的背景区域，反而导致人体行为识别率下降。正如我们所预期的，基于运动显著性检测的图像块采样方法，能够有效捕捉到视频帧中人体行为发生的区域，围绕该区域裁剪图像块，保证了行为发生区域覆盖，且通过图像块缩放一定程度上消除了相机镜头远近变化的负面影响，从而使得行为识别率有显著提升，较图像中心采样方法在 UCF101 数据集上提高了 4.1%，在 HMDB51 数据集上增长了 5%。

3.5 本章小结

本章首先分析了现有的图像缩放采样、图像中心采样和中心四角采样等三种图像块采样方法存在的不足，给出了基于视频帧运动显著性检测的图像块采样思路。然后简要介绍了运动显著性检测算法，指出了最新运动显著性检测算法 H-FCN 存在的不足，并给出了改进方法。本章使用改进的 H-FCN 运动显著性检测算法检测视频帧运动显著区域，给出了基于显著区域的图像块裁剪方法。实验表明，改进的 H-FCN 算法及基于运动显著性检测的图像块采样方法均有效提升了行为识别性能。

第 4 章　基于多模态特征的行为识别

4.1　引　　言

视频帧 RGB 图像信息是计算机视觉中最基本的特征数据，也是人体深度特征中最早引入的一种模态数据。2007 年 Jhuang[74]等首次将深度学习算法引入人体行为领域，采用行为视频帧中的 RGB 图像基于 HMAX 神经网络模型学习、提取人体行为特征。此后基于深度学习的行为识别研究一直聚焦在基于 RGB 图像信息提取行为深度特征[75][77]。2013 年 Ji[79]等将 HMAX 网络的 2D 卷积核扩展为 3D 卷积核，给出了 3D CNN 行为特征描述算法。该算法将连续 7 帧图像的灰度、梯度（分 X、Y 方向）、光流（分 X、Y 方向）等信息分为 5 个通道信息送入 7×7×3 卷积核中分别进行卷积操作，再通过下采样、卷积、下采样、卷积之后合并 5 个通道的结果送入全连接层进行学习，获得人体行为特征描述。在这个算法中，Ji 等首次将图像灰度、梯度和光流三种模态的数据引入了行为识别中。但 HMAX 网络卷积层数较少，网络过浅，导致获取到的人体行为特征辨识力不强，行为识别性能与同期手工特征相比明显缺乏竞争力。

2014 年，Karpathy[80]等将卷积层数更多、网络结构更好的 AlexNet 网络引入行为识别，从图像帧中获取低分辨率的全局图像及高分辨率的中心图像块，将其作为网络输入分别送入两个 AlexNet 中进行特征学习，然后在全连接层将两个卷积结果组合起来，全连接层的输出结果作为人体行为特征。Karpathy 等首次给出使用双层卷积网络来学习不同分辨率的人体行为特征，但仅使用了 RGB 图像这一模态的数据。同年年底 Simonyan[81]等受到双层卷积网络[80]的启发，将 RGB 图像和光流两种模态的数据分别作为 AlexNet 网络的输入，给出了双流卷积网络（Two-Stream ConvNets，TS-CNN）的双层行为识别框架（两层卷积网络 Spatial ConvNet 和 Motion ConvNet 有时也分别简称为 RGB-CNN 和 OF-CNN）。Simonyan 等堆叠（stack）多帧光流数据对人体行为的运动变化信息进行描述，并采取多任务学习方法，使得基于深度特征的行为识别算法的行为识别率首次超过同期手工特征算法，从而将行为识别研究的焦点引向深度特征学习。

2015 年 Sun[144]等将堆叠 RGB 差分（difference）图送入因子分解的时空卷积

网络（Factorized Spatio-Temporal Convolutional Networks，FSTCN）中进行人体行为的深度特征学习。堆叠 RGB 差分图是将视频前后两帧 RGB 图像的 R、G、B 三个通道分开相减，并将每个通道相减结果合成起来形成三通道差分图，然后将连续多个视频帧的差分图堆叠起来送入 FSTCN 网络提取人体行为特征。2016 年 Wang[101]等也将这种堆叠 RGB 差分图送入时序分割网络 TSN 进行深度特征学习。受 iDT 算法[52][53]的启发，Wang 等还将基于全局运动估计并进行校正后的光流（简称“校正光流”）送入 TSN 进行特征提取，并实验比较了 RGB 图像、RGB 差分图、光流、校正光流等四种模态数据对行为识别性能的影响。Wu[145]等给出将音频信息构造为频谱图提取卷积特征，并与 RGB 图像深度特征和光流深度特征组合起来描述人体行为特征。但目前只有人体行为数据集 CCV[110]中的视频含有音频信息，所以音频频谱图这一模态的数据暂时只在该数据集上有意义。

目前基于深度特征的行为识别算法主要引入了 RGB 图像、灰度图像、梯度、RGB 差分图、光流和校正光流六种模态数据用于提取行为深度特征。图 4-1 所示为 RGB 图像等五种模态数据示例。

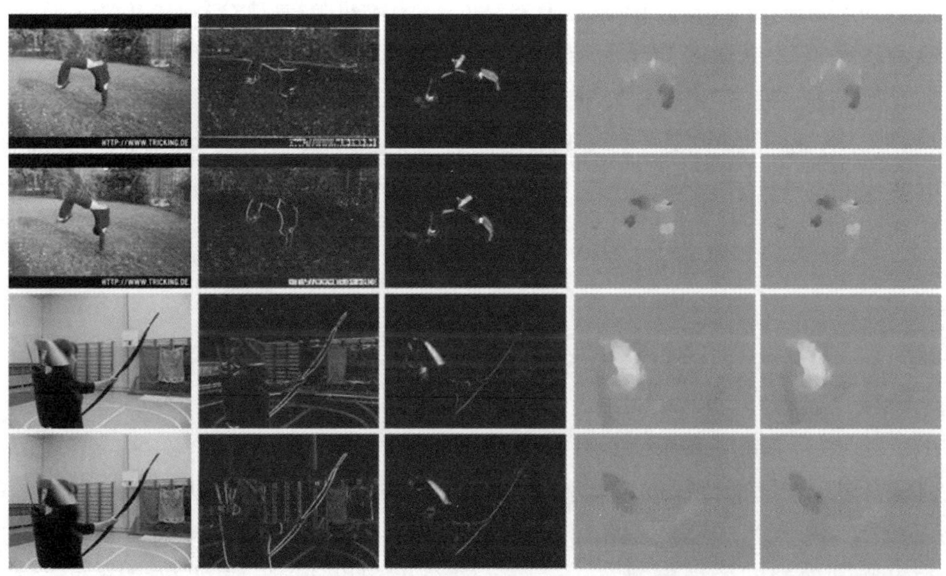

图 4-1　五种模态数据示例（X、Y 为连续两帧 RGB 图像中后一帧的 X、Y 方向模态数据）

RGB 图像、灰度图像、图像梯度和 RGB 差分图都属于人体行为静态信息，而光流和校正光流等数据因为包含了行为动态变化可以归为人体行为动态信息。RGB 图像等静态信息能够为行为识别提供特定的目标和背景信息[81]，因为一些行为与特定目标或背景密切关联。例如，若视频帧图像中有黑白相间的钢琴键出现，那么将该视频归为人体行为“弹钢琴”这一类别的可能性就很大。但是 RGB 图像等静态图像缺少视频前后连续帧间的上下文信息[101]，无法区分开门、关门这一类需要运动变化信息辅助识别的行为，所以行为识别率相对较低。另一方面，光流是图像亮度的运动信息描述，包含了视频帧间人体行为运动的瞬时速度变化。为了更好地获取人体行为运动变化信息，一般将多帧光流堆叠起来作为卷积网络的输入来获取多帧图像之间的运动变化信息[81]。理论上说，校正光流剔除了全局运动干扰，有效保留了人体行为运动变化信息，应该明显改善行为识别率（这一点在手工特征中已经得到了验证[52][53]）。受光流算法研究水平约束，目前校正光流在深度特征中仅与原始光流的行为识别性能相当[101]。RGB 差分图像描述了与运动显著区域相关的行为外观变化，在与 RGB 图像组合使用后，行为识别率能有效提升近四个百分点[101]。

RGB 图像等六种模态数据在手工特征中已经得到了广泛应用，但目前基于这些模态数据的深度特征行为识别缺乏系统的对比和评估。另外，近年新给出的运动边界和梯度边界两种手工模态特征已经被证实更适合行为识别，但是基于这两种模态数据获取的深度特征能否提升行为识别性能，以及与其他模态数据的深度特征结合应用效果如何，目前尚未有文献开展研究。本章我们给出运动边界 CNN 特征和梯度边界 CNN 特征提取方法，并通过实验比较这些模态数据的深度特征的行为识别性能，以及在卷积特征层和时序特征层多个特征融合的行为识别效果。

4.2 运动边界 CNN 特征

运动边界就是视频连续两帧图像间光流的 X 方向和 Y 方向梯度。运动边界由 Dalal[146]等于 2006 年首次给出并应用于视频流中的行人检测，2011 年 Wang[52][53]等则将它应用于人体行为手工特征并取得了很好的行为识别效果。运动边界通过像素间的梯度计算，消除了部分由相机运动引起的全局运动干扰，保留了人体行为的运动边界信息[52][53]，使得人体行为运动变化的轮廓更加清晰，如图 4-2 所示。我们将运动边界作为卷积网络输入数据，进行运动边界 CNN 特征学习与提取。

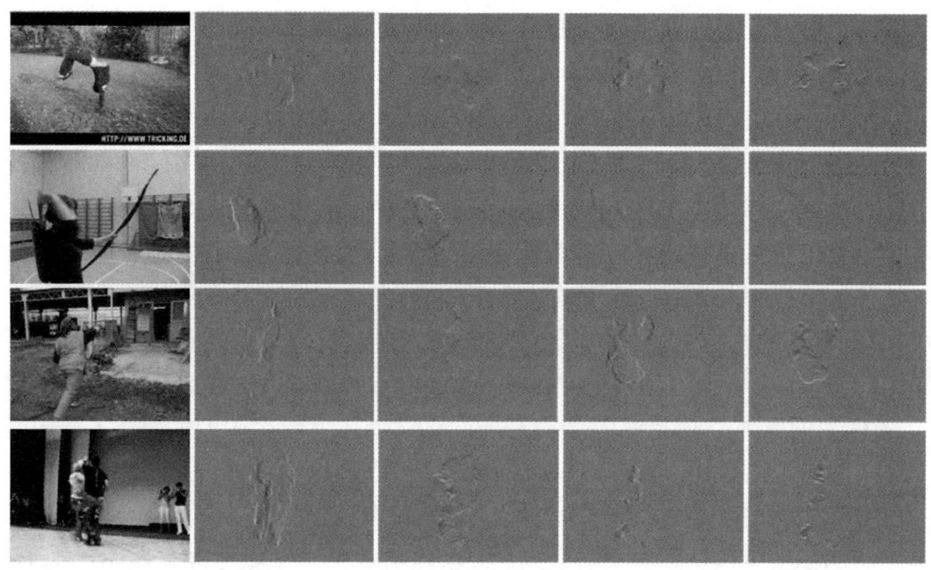

RGB 图像　运动边界（XX）　运动边界（XY）　运动边界（YX）　运动边界（YY）

图 4-2　运动边界示例（XX 表示帧间 X 方向光流的 X 方向梯度，其他类推）

本章采用与 Simonyan[81]等相似的堆叠方法使用第 τ 帧及其前后连续 L 帧视频数据计算运动边界，得到运动边界集合数据 $D=\{d_t^{xx},d_t^{xy},d_t^{yx},d_t^{yy}\}$，$t=[1;2L]$ 后，堆叠在一起构成卷积网络的输入数据 $I_\tau \in \mathbb{R}^{w\times h\times 8L}$ 。堆叠公式如下：

$$\begin{cases} I_\tau(u,v,4k-1)=d_{\tau+k-1}^{xx}(u,v) \\ I_\tau(u,v,4k-2)=d_{\tau+k-1}^{xy}(u,v) \\ I_\tau(u,v,4k-3)=d_{\tau+k-1}^{yx}(u,v) \\ I_\tau(u,v,4k)=d_{\tau+k-1}^{yy}(u,v) \end{cases} \tag{4-1}$$

式中：$u=[1;w]$，w 为输入图像宽度；$v=[1;h]$，h 为输入图像宽度；$k=[1;2L]$。取 $L=5$，计算采样帧及其前后连续 5 帧之间的光流，然后再通过 X、Y 两个方向的梯度计算，得到通道数为 40 的运动边界数据作为卷积网络的输入。

4.3　梯度边界 CNN 特征

梯度边界是 Shi[64]等在 2015 年提出的一种新的模态数据，其计算方法很高效，该方法给定任意相邻的两个视频帧，分别计算其梯度，然后前后帧相减即得到运动边界矩阵，其中的每个元素计算公式为：

$$d_t^x = \frac{\partial}{t}\left(\frac{\partial P}{\partial x}\right),\ d_t^y = \frac{\partial}{t}\left(\frac{\partial P}{\partial y}\right) \tag{4-2}$$

式中：P 为行为视频帧；d_t^x 和 d_t^y 分别为 X 方向和 Y 方向上的运动边界矩阵。

运动边界图像如图 4-3 所示。从图 4-3 中我们可以看出，与图像梯度相比，运动边界通过相邻两帧图像的梯度相减消除了大量的背景噪声干扰，保留了人体的外观信息。更为重要的是，梯度边界还包含了人体行为运动信息。如图 4-3 所示，红色大边框中的图像块为红色小边框区域内的图像块放大的结果。从放大图像块中我们可以看到，对应的小区域图像块内包含着两个人体边缘信息，这两个边缘之间的距离编码了人体运动变化信息。这一点与 RGB 差分图像相似，但是 RGB 图像中的人体外观及前景运动目标没有运动边界图像中的完整。区域内的两个边缘之间的不同距离还反映了人体运动的速度变化。例如，图 4-3 右上角运动边界图中，腿部两个边缘之间的距离明显小于腹部的两个边缘，因为在这一时刻腹部比腿部移动更快，移动距离更大。所以运动边界图像既包含了人体外观信息，也包含人体运动变化信息，是一个非常高效的人体行为描述数据。

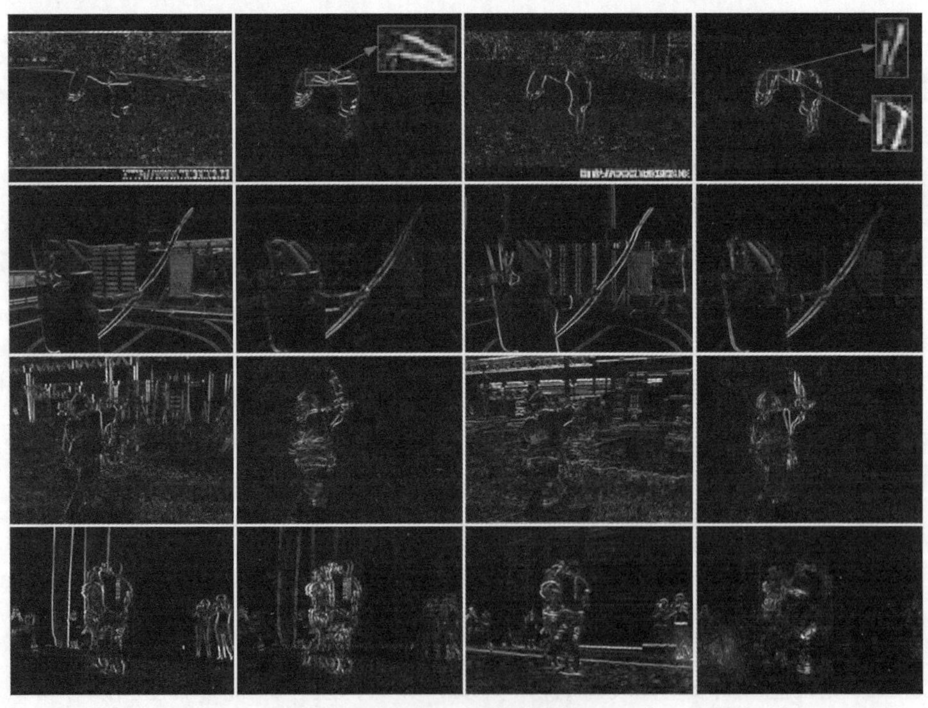

梯度图像（X 方向）　梯度边界（X 方向）　梯度图像（Y 方向）　梯度边界（Y 方向）

图 4-3　梯度与梯度边界比较示例

这里我们也采用与 Simonyan[81]等相似的堆叠方法使用第 τ 帧及其前后连续 L 帧视频数据计算梯度边界，得到梯度边界集合数据 $D=\{d_t^x,d_t^y\}$，$t=[1;2L]$ 后，堆叠在一起构成卷积网络的输入数据 $I_\tau \in \mathbb{R}^{w\times h\times 4L}$ 。堆叠公式如下：

$$\begin{aligned} I_\tau(u,v,2k-1) &= d_{\tau+k-1}^x(u,v) \\ I_\tau(u,v,2k) &= d_{\tau+k-1}^y(u,v) \end{aligned} \tag{4-3}$$

式中：$u=[1;w]$，w 为输入图像宽度；$v=[1;h]$，h 为输入图像宽度；$k=[1;2L]$。取 $L=5$，计算采样帧及其前后连续 5 帧之间的梯度边界，得到通道数为 20 的运动边界数据作为卷积网络的输入。

4.4 多模态特征融合

我们可以在卷积特征层和时序特征层两个阶段对 RGB 图像等多模态数据提取的深度特征进行融合。卷积特征层融合的方法有求和融合（Sum Fusion）、最大值融合（Max Fusion）、拼接融合（Concatenation Fusion）、卷积融合（Conv Fusion）和双线性融合（Bilinear Fusion）等[123]。特征求和融合就是将 N 个特征进行相加，即 $Y^{sum}=f^{sum}(X^1,\cdots,X^N)$，$Y^{sum}$ 中的每个元素计算公式如下：

$$y_{i,j,d}^{sum}=\sum_{a=1}^{N}x_{i,j,d}^{a} \tag{4-4}$$

式中：$1\leqslant i\leqslant H$，H 特征矩阵高度；$1\leqslant j\leqslant W$，W 特征矩阵高度；$0\leqslant d<D$，D 特征矩阵通道数；x^a，$y\in\mathbb{R}^{H\times W\times D}$。

最大值融合就是从 N 个特征对应位置的元素值中选择值最大的作为行为特征元素值，即 $Y^{max}=f^{max}(X^1,\cdots,X^N)$，$Y^{max}$ 中的每个元素计算公式如下：

$$y_{i,j,d}^{max}=\max\{x_{i,j,d}^{a}\},\ 1\leqslant a\leqslant N \tag{4-5}$$

式中：$1\leqslant i\leqslant H$，H 特征矩阵高度；$1\leqslant j\leqslant W$，W 特征矩阵高度；$0\leqslant d<D$，D 特征矩阵通道数；x^a，$y\in\mathbb{R}^{H\times W\times D}$。

拼接融合就是将 N 个特征拼接在一起，即 $Y^{cat}=f^{cat}(X^1,\cdots,X^N)$，$Y^{cat}$ 中的每个元素计算公式如下：

$$y_{i,j,Nd}^{cat}=x_{i,j,d}^{1},y_{i,j,Nd+1}^{cat}=x_{i,j,d}^{2},\cdots,y_{i,j,Nd+(D-1)}^{cat}=x_{i,j,d}^{N} \tag{4-6}$$

式中：$1\leqslant i\leqslant H$，H 特征矩阵高度；$1\leqslant j\leqslant W$，W 特征矩阵高度；$0\leqslant d<D$，D 特征矩阵通道数；x^a，$y\in\mathbb{R}^{H\times W\times ND}$。

卷积融合就是在 N 个特征的拼接特征基础上基于卷积核 $\mathrm{f}\in\mathbb{R}^{1\times1\times ND\times D}$ 和偏置

量$b \in \mathbb{R}^D$进行卷积运算，即$Y^{conv} = f^{conv}(X^1, \cdots, X^N)$，$Y^{conv}$的卷积计算公式如下：

$$y^{conv} = y^{cat} * \mathrm{f} + b \tag{4-7}$$

其中Y^{conv}的特征维度为D，卷积核维度为$1 \times 1 \times ND$。通过卷积运算一方面降低了行为特征的维度，另一方面通过迭代训练可以学习到这些特征结合的最小损失权重参数。

时序特征层融合方法有最大值融合（Max Pooling）、平均融合（Average Pooling）和加权平均融合（Weighted Pooling）[101]三种方法。最大值融合方法与卷积层融合方法相似，就是从N个特征对应位置的元素值中选择值最大的作为行为特征元素值，即$P^{\max} = f^{\max}(X^1, \cdots, X^N)$，$P^{\max}$中的每个元素计算公式如下：

$$p_{i,j,d}^{\max} = \max\{x_{i,j,d}^a\},\ 1 \leqslant a \leqslant N \tag{4-8}$$

式中：$1 \leqslant i \leqslant H$，$H$特征矩阵高度；$1 \leqslant j \leqslant W$，$W$特征矩阵高度；$0 \leqslant d < D$，$D$特征矩阵通道数；$x^a$，$p \in \mathbb{R}^{H \times W \times D}$。

平均融合将N个特征对应位置的元素值取平均值，即$P^{ave} = f^{ave}(X^1, \cdots, X^N)$，$P^{ave}$中的每个元素计算公式如下：

$$p_{i,j,d}^{ave} = \frac{1}{N}\sum_{a=1}^{N} x_{i,j,d}^a \tag{4-9}$$

式中：$1 \leqslant i \leqslant H$，$H$特征矩阵高度；$1 \leqslant j \leqslant W$，$W$特征矩阵高度；$0 \leqslant d < D$，$D$特征矩阵通道数；$x^a$，$p \in \mathbb{R}^{H \times W \times D}$。

加权平均融合是根据单个特征行为识别性能的优劣将N个特征对应位置的元素值取加权平均值，即$P^{wei} = f^{wei}(X^1, \cdots, X^N)$，$P^{wei}$中的每个元素计算公式如下：

$$p_{i,j,d}^{wei} = \frac{1}{N}\sum_{a=1}^{N} \alpha_a x_{i,j,d}^a \tag{4-10}$$

式中：$1 \leqslant i \leqslant H$，$H$特征矩阵高度；$1 \leqslant j \leqslant W$，$W$特征矩阵高度；$0 \leqslant d < D$，$D$特征矩阵通道数；$x^a$，$p \in \mathbb{R}^{H \times W \times D}$，$\alpha_a$为相应特征的加权参数。

4.5 实验结果及分析

4.5.1 实验数据集及设置

本章基于UCF101[113]数据集和HMDB51[109]验证所提算法的有效性。

UCF101 数据集是由中佛罗里达大学计算机视觉研究中心提供的人体行为数

据集。该数据集在UCF50数据集上进行扩展，包含了101类人体行为，如跳水、骑马、骑自行车、遛狗等。每个行为类别又分为25组，每个组包含4～7个同类视频，共计13320段行为视频。UCF101数据集中的所有行为又可以分为五个大类：人与物体交互、简单人体运动、人—人交互、乐器演奏、体育运动。该数据集视频在进行行为识别实验时分为三组训练/测试视频[113]：split1、split2和split3。实验中我们按照这一标准设置进行实验，并以三组视频的行为识别率的平均值作为最终结果。

HMDB51数据集由布朗大学Kuehne等提供。该数据集共包含51个行为类别，每个类别中至少包含100段视频，总共有6766个动作序列。该数据集视频在进行行为识别实验时也分为三个训练/测试分组。每个分组的每一类行为视频中包含70段训练视频和30段测试视频。我们也遵照HMDB51的设置，基于三组的平均识别率作为最后结果。因为UCF101数据集视频总量远多于HMDB51数据集，所以在进行卷积特征训练时，会将在UCF101数据集上已训练好的网络参数模型迁移过来作为初始训练参数。

4.5.2 多模态特征比较

我们对RGB图像、灰度图像、梯度、RGB差分图、光流、校正光流等常见模态行为数据，以及本章引入的运动边界和梯度边界两种模态数据分别提取深度卷积特征，并使用SoftMax算法进行人体行为分类，比较各种模态数据的行为识别率性能。我们选择VGG-16网络模型分别提取各模态卷积特征，并在卷积网络训练阶段采用三种数据扩充策略来学习较为鲁棒的CNN网络模型[84]。一是从代表帧中随机采样224×224的图像块作为CNN网络输入。二是将这些采样的图像块水平翻转后作为CNN网络输入。三是使用空间尺度变化策略来增强CNN网络学习[121]，具体就是在代表帧的1、0.875、0.75三个尺度上获取分别为224×224、196×196、168×168图像块，然后再将它们放大为224×224大小的图像块。所有模态数据都使用已在ImageNet数据集上预训练好的网络模型参数进行迁移学习，将模型参数作为各个模态卷积网络模型参数训练的初始参数。在行为测试阶段，我们按照Simonyan[81]等采用的等量采样方法，从每个行为视频中等间隔提取25帧进行深度卷积特征提取，且只从图像帧中心处采样出224×224的图像块作为卷积网络输入，行为识别率取25次识别结果的平均值。

对于RGB图像、灰度图像、梯度、RGB差分图和梯度边界等行为外观模态数据，在其卷积网络参数训练过程中，网络初始学习率设置为0.001，以后网络训练每迭代4000次就将学习率下降1/10，整个网络迭代训练10000次以后结束训练过程。卷积网络中最后两个全连接层的丢弃率设为 0.9。

对于光流、校正光流和运动边界等行为运动变化模态数据，在其卷积网络参数训练过程中，网络初始学习率设置为 10^{-3}，以后网络训练每迭代 10000 次就将学习率下降 1/10，在网络迭代训练 30000 次以后结束训练过程。卷积网络中最后两个全连接层的丢弃率分别设置为 0.9 和 0.8。

实验结果如表 4-1 所示。从表中可以看出，灰度图像、梯度等以静态外观信息为主的模态数据的行为识别率远不如光流和运动边界等以描述行为运动变化为主的模态数据。而梯度边界不仅描述了人体静态外观信息，同时也将运动变化信息以静态的方式展现在图像中，取得了比 RGB 图像数据更好的行为识别率，分别提升了 4.6%（UCF101）和 10.6%（HMDB51）。基于图像梯度的深度卷积特征行为率最低表明单纯的梯度信息编码的行为特征相对较少。灰度图像与 RGB 图像的差别仅在颜色信息，两者行为识别率差距极小，说明颜色信息对行为识别没有很多帮助。

表 4-1 各模态深度卷积特征的行为识别率比较

模态数据类型	UCF101	HMDB51
梯度	79.8%	41.5%
灰度图像	81.6%	44.2%
RGB 差分图	81.8%	44.7%
RGB 图像	82.6%	47.1%
梯度边界	**87.2%**	**56.7%**
校正光流	85.9%	53.5%
光流	86.3%	55.2%
校正光流（+行人检测）	87.5%	56.9%
运动边界	**88.9%**	**59.4%**

注：表中数据加粗表示其为最优模态。

根据全局运动估计进行全局运动校正后的光流的行为识别结果比原始光流还略低一点，没有达到在手工特征 iDT 中校正光流的行为识别性能表现，说明全局运动估计算法性能还有待提升，另一方面也表明手工特征 iDT 中采样行人检测算法来辅助校正光流是非常有效的方法。为了证实这一点，本节选择行人检测算法 YOLO[27]辅助全局运动估计，并进行原始光流的全局运动校正。表 4-1 中校正光流（+行人检测）的实验结果表明，带行人检测的校正光流的行为识别率（87.5%，56.9%）与光流（86.3%，55.2%）相比有明显提升。运动边界虽然只是在光流的基础上进行简单的梯度计算，但通过相邻像素之间的光流值相减，消除了部分全局运动，着重突出了人体行为变化，导致行为识别性能显著提高。与光流（86.3%，55.2%）相比，运动边界的行为识别率（88.9%，59.4%）分别提升了 2.6%和 4.2%。

4.5.3 多模态特征融合评估

本节对多个模态特征在卷积特征层和时序特征层两种融合模式进行实验比较评估。

（1）卷积特征层融合评估。

Feichtenhofer[123]等基于 RGB 卷积特征和光流卷特征比较了以上融合方法，在这些融合方法中卷积融合的行为识别性能最佳。考虑到融合的特征较多，本节仅选择卷积融合方法作为卷积特征层融合方法来对多模态特征融合进行实验比较。卷积特征的训练模型使用与第 4.5.2 节相同的 VGG-16 网络模型，相关训练参数设置也保持不变，只在 Relu5_3 激活函数层将多个卷积网络连接起来，如图 4-4 所示。

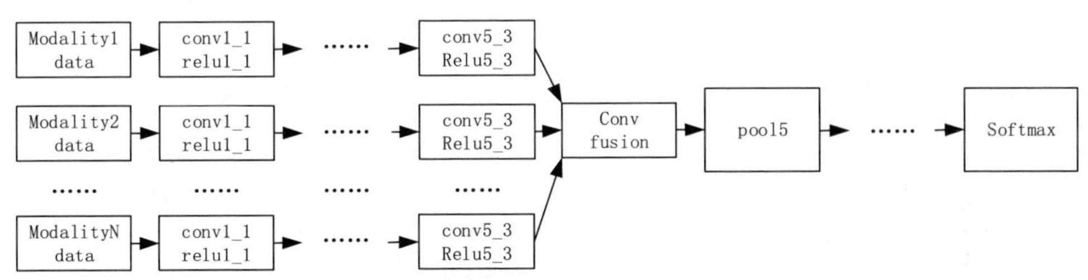

图 4-4　卷积特征层行为特征融合方案

RGB 图像、灰度图像、梯度、RGB 差分图、光流、校正光流、运动边界和梯度边界共有八个模态数据。如果将每个模态数据都与其他模态数据进行融合实验评估，计算量过大，无法全部实现。本节从这些模态数据中选择有代表性的 RGB 图像、梯度边界、光流、校正光流（这里使用带行人检测的校正光流）和运动边界进行实验。RGB 图像描述人体行为静态信息，梯度边界中既包含人体行为静态外观信息又包含有运动变化的外观信息，光流、校正光流和运动边界则描述单纯的人体运动变化信息，实验结果如表 4-2 所示。

表 4-2　卷积特征层行为特征融合比较

模态数据类型	UCF101	HMDB51
RGB 图像+光流	88.5%	57.9%
RGB 图像+梯度边界	88.7%	58.2%

续表

模态数据类型	UCF101	HMDB51
RGB 图像+校正光流	89.2%	58.9%
RGB 图像+运动边界	90.6%	60.2%
梯度边界+光流	89.1%	58.7%
梯度边界+校正光流	90.3%	60.2%
梯度边界+运动边界	91.6%	61.9%
运动边界+光流	91.2%	61.3%
运动边界+校正光流	91.9%	62.8%
梯度边界+光流+校正光流	91.6%	62.4%
梯度边界+光流+校正光流+运动边界	92.9%	64.7%
RGB 图像+梯度边界+光流+校正光流+运动边界	**93.7%**	**68.2%**

注：表中数据加粗表示其为最优模态。

从 RGB 图像与其他模态数据融合结果来看，运动边界是最强有力的行为特征信息，与 RGB 图像融合后得到较高的行为识别率（90.6%，60.2%）。梯度边界中包含有运动变化的外观信息，经光流、运动边界等模态数据对运动变化进一步强化以后能显著改善行为识别率，如梯度边界特征与运动边界特征融合后的识别率（91.6%，61.9%）较单一梯度特征（87.2%，56.7%，参见表 4-1）提高了 4.4%和 5.2%。运动边界与原始光流，以及与校正光流融合结果较这三个单一模态特征的行为识别性能都有大幅提升，说明不同侧面的多重运动信息叠加能够强化人体行为特征的表现。在所有模态特征的两两组合中，运动边界与校正光流融合的行为识别率最高，达到 91.9%和 62.8%，这表明视频帧间运动信息描述人体行为的最优信息。梯度边界与原始光流、校正光流以及运动边界进行多重信息融合能够强化行为运动信息，有效提升行为识别率，在这四种模态数据组合时能达到 92.9%和 64.7%。表 4-2 最后一行给出了五模态特征融合后的行为识别率，也是所有组合中最高的行为识别率，说明这些模态数据都存在不同程度的信息互补性。

（2）时序特征层融合评估。

本节基于 Wang[101]等给出的 TSN 时序特征提取算法进行时序特征融合实验比较研究。卷积特征的训练模型使用与 4.5.2 节相同的 VGG-16 网络模型及参数设置。数据选择有代表性的 RGB 图像、校正光流、梯度边界和运动边界四种模态数据。卷积网络使用交叉预训练方式[101]，RGB 图像卷积网络初始参数使用基于 ImageNet 数据集上预训练的参数，校正光流、梯度边界和运动边界卷积网络初始参数则使用 RGB 图像卷积网络训练参数。时序特征融合则使用 Wang 等已实验验证较优的平均融合方法，实验结果如表 4-3 所示。

表 4-3 时序特征层行为特征融合比较

模态数据类型	UCF101	HMDB51
RGB 图像+光流	89.1%	58.8%
RGB 图像+梯度边界	89.8%	59.3%
RGB 图像+校正光流	90.9%	59.7%
RGB 图像+运动边界	91.5%	61.0%
梯度边界+校正光流	92.4%	61.3%
梯度边界+运动边界	92.8%	64.6%
运动边界+校正光流	93.3%	66.5%
RGB 图像+光流+校正光流	93.5%	67.1%
梯度边界+校正光流+运动边界	95.0 %	69.8%
RGB 图像+梯度边界+校正光流+运动边界	**95.9%**	**72.5%**

注：表中数据加粗表示其为最优模态。

与卷积特征层融合相比（表 4-2），时序特征层多模态特征融合的行为识别率更优，如 RGB 图像与光流在卷积特征层组合的行为识别率（88.5%，57.9%）比在时序特征层融合的识别率（89.1%，58.8%）低 0.6%和 0.9%，这可能是因为时序特征中包含了多个视频帧间的时序特征信息，而卷积特征层只是融合了人体行为动态信息和静态信息，不能刻画行为的时序变化信息。

如表 4-3 所示，RGB 图像和梯度图像描述的主要是人体行为的静态外观信息，RGB 图像和梯度边界融合主要是叠加了多重静态外观信息，所以与其他两两融合特征相比识别率相对较低，在 UCF101 数据集和 HMDB51 数据集上分别为 89.8%和 59.3%。两种模态数据融合结果中运动边界和校正光流融合的行为识别结果最好，分别为 93.3%和 66.5%，再次验证了行为运动不同侧面的动态变化信息多重组合能提升行为识别性能。梯度边界、校正光流和运动边界三种模态特征组合与其任意两组合相比，行为识别率有明显提升，较最好的组合校正光流和运动边界融合特征（93.3%，66.5%）提高了 1.7%和 3.3%。四个模态数据的时序特征层组合的行为识别最高，在 UCF101 和 HMDB51 数据集上分别达到了 95.9%和 72.5%。

4.6 本章小结

本章首先回顾了 RGB 图像、灰度图像、图像梯度、RGB 差分图、光流和校正光流等六种模态数据引入人体行为深度特征的研究发展历程，然后将近年来手工特征中表达行为能力较好的运动边界和梯度边界两种模态引入深度行为特征提取，给出了运动边界 CNN 特征和梯度边界 CNN 特征提取方法。最后在统一的实验平台上比较了这八种模态深度特征的行为识别率，实验结果表明运动边界深度特征和梯度边界深度特征显著优于 RGB 图像、光流等模态深度特征。本章还讨论了多模态特征在卷积特征层和时序特征层融合方法，并比较了多种模态特征在不同阶段的融合对行为识别性能的影响。实验表明多模态特征在表征人体行为信息时互补性很强，融合多模态特征能显著提升行为识别率。

第 5 章　基于实时全局运动补偿的行为识别

5.1　引　　言

光流能够很好地表达运动变化信息，因而在行为识别领域中得到了广泛应用。然而，为了获取光流模态数据需要计算两帧之间的每一个像素的光流值，这是一个非常耗时的过程。以目前行为识别是常用的 Brox 光流算法[122]为例，即使在性能较好的 NVIDIA Titan GPU 上并行运行，计算两个连续帧之间的光流最少也要 0.06 秒[81]，换算为视频帧处理速度约为 17FPS，这显然不能满足行为识别实时运行需求。为了实时获取人体行为特征，Kantorov 和 Laptev[63]针对 DT 算法[50][51]进行改进，使用视频帧的运动矢量（motion vector）数据代替视频帧间光流，并称之为 MPEG 光流（MPEG flow）。因为运动矢量是视频帧压缩域中已有的数据，在视频帧解压时即可获得，所以可以避免耗时的稠密光流计算过程。这使得 Kantorov 和 Laptev 所提 MF 特征的提取速度与 DT 算法相比提升了两个数量级。Kantorov 和 Laptev 将视频压缩域的 MPEG 光流与人体行为手工特征中常用的 LK 光流和 Farnebäck 光流进行了主客观比较。客观比较是在光流算法比较公开数据集 MPI Sintel[142]上进行的，该数据集视频源自 3D 动画短片 Sintel，其中的 23 段视频标注有实际光流数据，以便于进行客观定量光流算法比较。Kantorov 和 Laptev 的定量比较结果如图 5-1 所示。

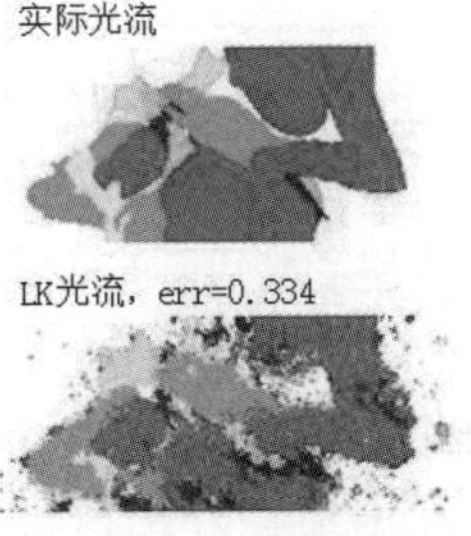

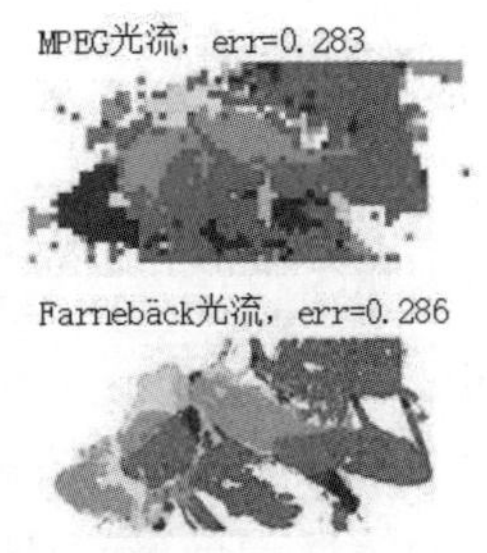

图 5-1　图像帧运动矢量与光流定量比较

从图中可以看出，MPEG 运动矢量描述运动信息的粒度显然不如 LK 光流和 Farnebäck 光流，因为它是按 16×16 宏块大小描述运动信息的，而光流描述运动是像素级的。但定量测试结果表明，用 MEPG 运动矢量表示光流，与实际光流相比错误率为 0.283。虽然比 LK 光流和 Farnebäck 光流错误率低一点，但还是有一定的可比性。这说明使用 MPEG 光流替代 LK、Farnebäck 等光流算法并不会导致行为识别性能严重下降。在 HMDB51 数据集上的实际测试结果表明，Kantorov 和 Laptev 所提 MF 特征比 DT[50][51]特征在行为识别率上仅低 1.6%。MPEG 光流、LK 光流和 Farnebäck 光流的主观比较结果如图 5-2 所示，图中视频帧源自 HMDB51 中的电影场景视频。

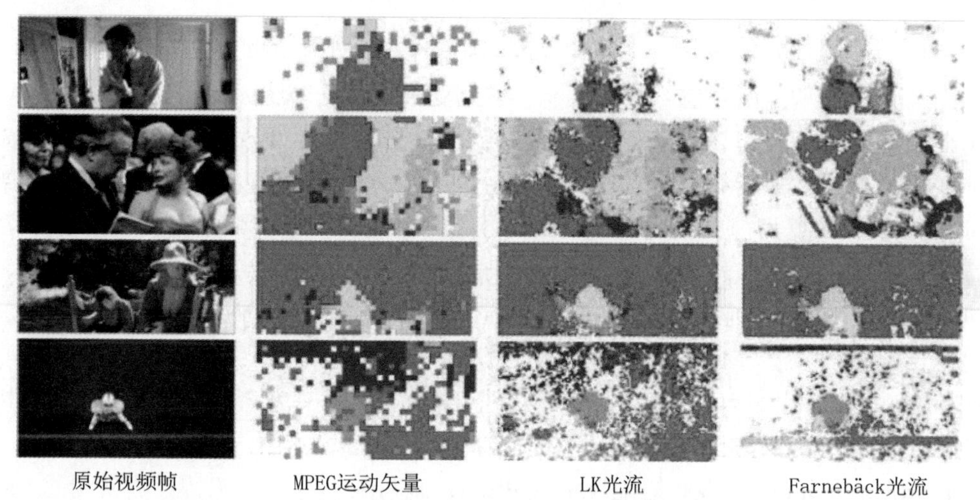

图 5-2 图像帧运动矢量与光流主观比较

Zhang[84]等在双流卷积网络算法[81]基础上借鉴 MF 算法[63]思路，采用运动矢量替代 Brox 光流给出了 EMV-CNN 算法。Zhang 等通过初始化迁移（initialization transfer）学习将从 TV-L1 光流[143]中学习到的 OF-CNN 网络模型参数作为初始参数送入 EMV-CNN 网络，并将 OF-CNN 网络作为教师网络（teacher net）对学生网络（student net）EMV-CNN 进行监督迁移（supervision transfer）学习，有效提升了 EMV-CNN 算法的行为识别率。Zhang 等所提算法的行为识别率在 UCF101 数据集上仅比双流卷积网络算法低 1.6%，但速度（390.7fps）是后者（14.3fps）的 27 倍。

EMV-CNN 算法的不足之处在于没有区分运动矢量中的全局运动信息和人体行为信息。全局运动是行为视频在拍摄过程中由于相机移动或抖动产生的运动信息，它的存在严重干扰了视频中的行为识别。Wang[52][53]等在 DT 算法基础上改进，采用全局运动补偿方法（Global Motion Estimation and compensate，GME）进行光流校正，再基于校正后的光流提取 DT 行为特征，显著提升了行为识别率。

Wang[101]等则将校正后的光流作为新的模态数据送入到 CNN 网络中进行行为特征提取，与 RGB、光流等模态数据形成了很好的互补性。Wang 等所提的基于 SURF 等比较耗时的全局运动估计与补偿算法，不能满足实时应用需求。本章根据全局运动矢量对称性和差分性理论[141]，在 MF 和 EMV-CNN 算法基础上进行改进，给出基于全局运动估计与补偿方法（Copressed-domain GME，CGME）的行为识别方法，如图 5-3 所示。该方法首先基于四参数全局运动几何模型根据全局运动矢量的对称性和差分性进行全局运动参数估计，然后参照估计的全局运动参数进行全局运动补偿，以强化人体行为运动矢量，最后基于 MF 和 EMV-CNN 进行人体行为特征提取。实验表明，基于全局运动补偿的行为识别算法能够满足行为识别中特征提取的实时性要求，在行为识别性能方面比 MF 和 EMV-CNN 算法有明显提升。

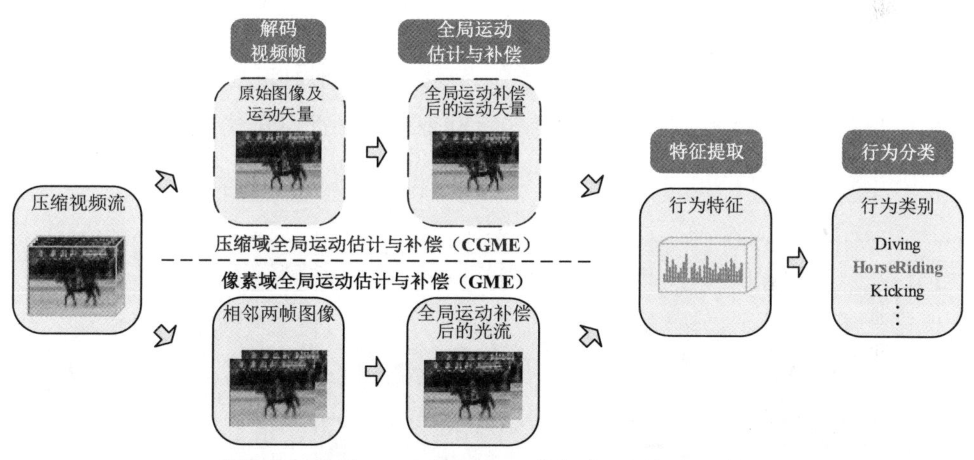

图 5-3　基于 GME 和 CGME 的行为识别框架比较

5.2　实时全局运动补偿算法

5.2.1　全局运动参数模型

全局运动参数模型可以分为二参数、四参数、六参数、八参数模型。不同类型的全局运动参数模型有着不同的全局运动建模能力。二参数模型只能对平移运动进行建模，四参数模型可以对平移、缩放、旋转及其组合运动变化进行建模，六参数模型可以建模更复杂的仿射运动等几何变换运动，这三种参数模型都属于线性模型。当需要考虑景深时，还需要使用非线性八参数透视运动模型。一般说来，参数模型使用的参数越多，对全局运动的估计越准确，但相应的计算复杂度也越高。四参数模型可以满足基于压缩域运动矢量的全局运动估计应用要求，因此本章采用该参数模型进行参数估计。

在视频帧全局运动矢量数据中，基于图像中心原点构建图像坐标系 XOY 如图 5-4 所示，其中 X 轴方向向右，Y 轴方向向下。二维图像帧划分为了四个象限区域，分别为第Ⅰ象限（右下角区域）、第Ⅱ象限（左下角区域）、第Ⅲ象限（左上角区域）及第Ⅳ象限（右上角区域）。从第Ⅰ象限中任取一像素点，其图像坐标位置为 $p_{\text{I}}=(x,y)^T, x>0, y>0$，那么其关于坐标轴和原点对称的三个像素点分别是 $p_{\text{II}}=(-x,y)^T$、$p_{\text{III}}=(-x,-y)^T$ 和 $p_{\text{IV}}=(x,-y)^T$，这三个像素点分别位于其他三个象限中。全局运动参数方程可表示为：

$$f(p\,|\,A,T)=Ap+T=\begin{pmatrix} a_1 & -a_2 \\ a_2 & a_1 \end{pmatrix}\begin{pmatrix} x \\ y \end{pmatrix}+\begin{pmatrix} t_x \\ t_y \end{pmatrix} \tag{5-1}$$

式中：$p=(x,y)^T$，为视频帧中的像素点；t_x 和 t_y 分别反映 X 轴和 Y 轴上的相机平移运动变化；a_1 和 a_2 控制伸缩和旋转运动变化。由此，全局运动估计转换为根据运动矢量数据对 t_x、t_y、a_1 和 a_2 四个参数的估计。

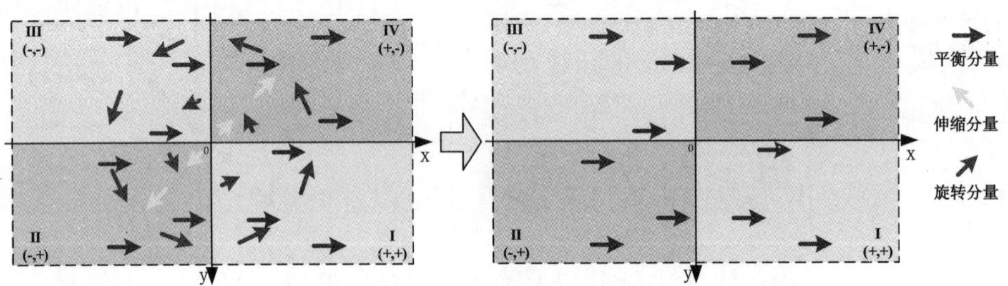

图 5-4　运动矢量中伸缩/旋转分量的中心对称性

在图像坐标系 XOY 下，任意点 p_i 位置的运动矢量表示为：

$$MV(p_i)=f(p_i\,|\,A,T)-p_i=(A-I)\times p_i+T \tag{5-2}$$

5.2.2　全局运动估计

（1）平移参数 T 估计。根据矢量几何理论，每一个运动矢量都可以看作是平衡分量、伸缩分量和旋转分量三个分量叠加而成的。全局运动是存在于整个视频帧中的，所以在运动矢量数据中也全部涵盖，而且所有运动矢量中的伸缩分量和旋转分量是关于原点对称的，如图 5-4 所示。也就是说，视频帧中的任一运动矢量中的伸缩/旋转分量都在其中心对称位置存在一个运动矢量中的伸缩/旋转分量对应，且分量大小相等方向相反。利用全局运动矢量的这种分量对称性，我们可以通过矢量运算消除掉运动矢量中的伸缩分量和旋转分量，完成运动矢量中的平移运动参数估计。

对于第Ⅰ象限中的任一运动矢量 $MV(p_{\mathrm{I}})$，$p_{\mathrm{I}}=(x,y)^T$，$x>0$，$y>0$ 和其原点对称的第Ⅲ象限运动矢量 $MV(p_{\mathrm{III}})$，$p_{\mathrm{III}}=(-x,-y)^T$，将两者求和可以计算出平移参数 T。具体计算公式如下：

$$
\begin{aligned}
MV(p_{\mathrm{I}})+MV(p_{\mathrm{III}}) &= f(p_{\mathrm{I}}\mid A,T)-p_{\mathrm{I}}+f(p_{\mathrm{III}}\mid A,T)-p_{\mathrm{III}} \\
&=(A-I)(p_{\mathrm{I}}+p_{\mathrm{III}})+2T \\
&=2T
\end{aligned}
\tag{5-3}
$$

同样的，对于第Ⅱ象限中的任一运动矢量 $MV(p_{\mathrm{II}})$，$p_{\mathrm{II}}=(-x,y)^T$，$x>0$，$y>0$ 和其原点对称的第Ⅳ象限运动矢量 $MV(p_{\mathrm{IV}})$，$p_{\mathrm{IV}}=(x,-y)^T$，有如下计算公式：

$$
\begin{aligned}
MV(p_{\mathrm{II}})+MV(p_{\mathrm{IV}}) &= f(p_{\mathrm{II}}\mid A,T)-p_{\mathrm{II}}+f(p_{\mathrm{IV}}\mid A,T)-p_{\mathrm{IV}} \\
&=(A-I)(p_{\mathrm{II}}+p_{\mathrm{IV}})+2T \\
&=2T
\end{aligned}
\tag{5-4}
$$

应用公式（5-3）和公式（5-4）基于运动矢量数据 MV_{esti} 计算得到平移参数 T 的初步估计值集合 $T_{init}=\{T_1,T_2,\cdots,T_i,\cdots,T_N\}$。在视频帧中只有相机运动没有其他运动的这一理想情况下，$T_1=T_2=\cdots=T_N$。但实际上视频中既可能包含相机运动，也可能包含人体行为运动，所以这些计算得到的 T_i 值并不一定完全相等，所以我们需要从这个 T_{init} 集合中进行估计，得到接近真实相机运动的结果。平移参数估计过程如图 5-5 所示，首先计算所有 T_i 的均值，并计算所有 T_i 与此均值的残差，再将残差的绝对平均值作为阈值剔除对应残差绝对值大于这个阈值的异常数据，剩余初始 T_i 参数数据的均值作为最终参数 T 的估计值 $T_{esti}=(t_{x\_esti},t_{y\_esti})^T$。

输入：	$count \Leftarrow 0$
$T_{init}=\{T_1,T_2,\cdots,T_N\}$；	for $i=1$ to N do
输出：	if $R_i > R_{mean}$ then
T_{esti}；	$T_i \Leftarrow 0$
$T_{mean} \Leftarrow (T_1+T_2+\cdots+T_N)/N$	$count \Leftarrow count+1$
for $i=1$ to N do	end if
$R_i \Leftarrow \lvert T_i - T_{mean}\rvert$	end for
end for	$T_{esti}=(T_1+T_2+\cdots+T_N)/(N-count)$
$R_{mean} \Leftarrow (R_1+R_2+\cdots+R_N)/N$	return T_{esti}

图 5-5 从 T_{init} 中估计平移参数 T_{esti}

（2）伸缩/旋转参数 A 估计。伸缩/旋转控制参数 A 的则是利用同行或者同列矢量之间的差分性来计算得到的。对于两个同行运动矢量 $MV(p_1)$ 和 $MV(p_2)$，其对应的起始坐标分别为 $p_1=(i_1,c_y)^T$ 和 $p_2=(i_2,c_y)^T$，其中 $i_2=i_1+s_x$，s_x 为常数。则有公式：

$$\begin{aligned}&MV_x(p_2)-MV_x(p_1)\\&=(f_x(p_2\mid A,T)-p_2)-(f_x(p_1\mid A,T)-p_1)\\&=((a_1-1)\times i_2-a_2\times c_y+t_x)-((a_1-1)\times i_1-a_2\times c_y+t_x)\\&=(a_1-1)(i_2-i_1)\\&=(a_1-1)\times s_x\end{aligned} \tag{5-5}$$

由公式（5-4）可得：

$$a_1=\frac{MV_x(p_2)-MV_x(p_1)}{s_x}+1 \tag{5-6}$$

同样，由 Y 方向上进行计算可得：

$$a_2=\frac{MV_y(p_2)-MV_y(p_1)}{s_x} \tag{5-7}$$

对于两个同列运动矢量 $MV(p_3)$ 和 $MV(p_4)$，其对应的起始坐标分别为 $p_3=(c_x,j_1)^T$ 和 $p_4=(c_x,j_2)^T$，其中 $j_2=j_1+s_y$，s_y 为常数。则有公式：

$$\begin{aligned}&MV_x(p_4)-MV_x(p_3)\\&=(f_x(p_4\mid A,T)-p_4)-(f_x(p_3\mid A,T)-p_3)\\&=((a_1-1)\times c_x-a_2\times j_2+t_x)-((a_1-1)\times c_x-a_2\times j_1+t_x)\\&=-a_2\times(j_2-j_1)\\&=-a_2\times s_y\end{aligned} \tag{5-8}$$

由公式（5-8）可得：

$$a_2=-\frac{MV_x(p_4)-MV_x(p_3)}{s_y} \tag{5-9}$$

同样，由 Y 方向上进行计算可得：

$$a_1=\frac{MV_y(p_4)-MV_y(p_3)}{s_y}+1 \tag{5-10}$$

应用公式（5-7）、（5-8）、（5-9）和（5-10），基于运动矢量数据 MV_{esti} 计算得到参数 a_1，a_2 初步估计值集合 $a_{1\_init}=\{a_{11},a_{12},\cdots,a_{1i},\cdots,a_{1K}\}$ 和 $a_{2\_init}=\{a_{21},a_{22},\cdots,a_{2j},\cdots,a_{2S}\}$。基于计算得到的初步估计值集合 a_{1_init}，a_{2_init}，伸缩和旋转控制参

数 a_1，a_2 的估计过程参照图 5-5 进行，首先计算所有 a_{1i}，a_{2j} 参数数据均值，然后再计算所有数据与此均值的残差，并将残差的绝对平均值作为阈值剔除对应残差绝对值大于这个阈值的异常数据，剩余初始 a_{1i}，a_{2j} 参数数据的均值被作为最终参数 a_1，a_2 的估计值 a_{1_esti}，a_{2_esti}。

5.2.3 全局运动补偿

为了有效提升全局运动估计参数的精确性，我们采用实时行人检测算法 YOLO[27]剔除行人区域的运动矢量后再进行全局运动估计。根据全局运动参数估计值，进行全局运动补偿，消除运动矢量数据中的全局运动矢量，还原人体行为运动矢量数据。全局运动补偿计算公式如下：

$$\begin{aligned} MV'(p_i) &= MV(p_i) - estiGM(p_i) \\ &= MV(p_i) - (Ap_i + T) \\ &= MV(p_i) - \left[\begin{pmatrix} a_{1\_esti} & -a_{2\_esti} \\ a_{2\_esti} & a_{1\_esti} \end{pmatrix}\begin{pmatrix} x \\ y \end{pmatrix} + \begin{pmatrix} t_{x\_esti} \\ t_{y\_esti} \end{pmatrix}\right] \end{aligned} \tag{5-11}$$

图 5-6 给出了 HMDB51 数据集中的一些视频帧的运动矢量及全局运动补偿后的运动矢量比较。图中的运动矢量是以 16×16 宏块为单位进行描述的，绿色圆点表示运动矢量的起点，绿色短线表明了运动方向及运动速度变化。从图中我们可以看出，经过本章所提 CGME 算法进行全局运动补偿以后，视频帧中的全局运动矢量基本消除，清晰地保留了人体行为的运动矢量，直观地说明了该算法的有效性。

图 5-6 原始运动矢量与补偿后的运动矢量

5.3 实验及结果分析

5.3.1 实验数据集及设置

本章基于 UCF50[111]、HMDB51[109]和 UCF101[113]数据集验证所提算法的有效性。

UCF50 是由中佛罗里达大学计算机视觉研究中心提供的人体行为数据集。该数据集从 UCF11 数据集扩展而来，所有视频均从 YouTube 视频网站上截取，包含 50 类人体行为，共有 6618 段视频。所有视频被分为 25 个相互独立的组，每个分组里至少有 4 段行为视频。按照 UCF50 的标准实验设置，我们采取留一验证法，即进行 25 次测试，每次测试将其中的 24 组作为训练样本，剩下 1 组作为测试样本，25 次测试结果的平均值作为最终行为识别结果。

HMDB51 数据集由布朗大学 Kuehne 等提供。该数据集共包含 51 个行为类别，每个类别中至少包含 100 段视频，共有 6766 个动作序列。该数据集视频在进行行为识别实验时也分为三个训练/测试分组（split）。每个分组的每一类行为视频中包含 70 段训练视频和 30 段测试视频。我们也遵照 HMDB51 的设置，基于三组的平均识别率作为最后结果。

UCF101 数据集是由中佛罗里达大学计算机视觉研究中心提供的人体行为数据集。该数据集在 UCF50 数据集上进行扩展，包含了 101 类人体行为，每个行为类别又分为 25 组，每个组包含 4～7 个同类视频，共计 13320 段行为视频。该数据集视频在进行行为识别实验时分为三组训练/测试视频[113]：split1、split2 和 split3。实验中我们按照这一标准设置进行实验，并以三组视频的行为识别率的平均值作为最终结果。

5.3.2 CGME 算法评估

本节所提 CGME 算法是行为特征提取之前对运动矢量的一个预处理过程，既适用于手工特征提取，也适用于深度特征提取，这里将 CGME 算法与 Wang[52][53]等所提的 GME 算法基于手工特征在算法运行速度和行为识别率两个方面进行对比评估。具体做法是对视频帧中的运动矢量实施 CGME 算法以后提取 MF 特征，然后与基于 GME 算法的 iDT 特征进行比较。实验代码在 MF 算法论文代码和 iDT 算法论文代码上进行修改，加入 CGME 算法部分，并调整特征编码、归一化及行为分类等部分代码。这里简要介绍 MF 行为局部特征的描述方法。

MF 特征与 Wang[50][51]等给出的 DT 局部时空描述符相似，在一个视频帧立体空间中基于 RGB 图像和 MPEG 运动矢量直方图来描述行为局部特征。受 MPEG 运动矢量宏块 16×16 像素的分辨率约束，MF 特征定义的最小单位为 16×16×5 像素的立体单元（grid cell），如图 5-7 所示，以便与运动矢量宏块对齐，图 5-7 中深色圆点所示。MF 特征对这个立体单元中的相关信息进行直方图统计并对统计结果归一化，然后拼接相邻的 2×2×3 个立体单元归一化的内容并再次进行 L2 归一化，得到 MF 特征描述符。MF 还使用了双线性插值方法来提高空间分辨率，如图 5-7 中浅色圆点所示。MF 特征中的 HOF 描述符直接基于 MPEG 运动矢量建立 9 个方向的统计直方图。MF 特征中的 MBHx 和 MBHy 描述符则是基于 MPEG 运动矢量的 X 方向和 Y 方向空间梯度值构造 9 个方向的统计直方图。MF 特征中的 HOG 描述符与 DT 中的 HOG 描述符都是定义在 RGB 图像上，但统计的视频帧立体空间则是图 5-7 所示的立体单元。每个 MF 特征描述的是 32×32×15 像素的立体空间，我们在视频中空间间隔为 16 像素、时间间隔为 5 帧的每个位置计算 MF 特征。为了多空间尺度采样，MF 特征还定义 48×48×15 像素的特征描述符，这类描述符中每个立体单元的大小为 24×24×5。统计表明，对于一个分辨率为 640×480 像素的视频，每帧大约可以得到 300 个 MF 特征描述符，这个密集轨迹特征 DT 算法提取的与约 350 个 DT 描述符大致相当。

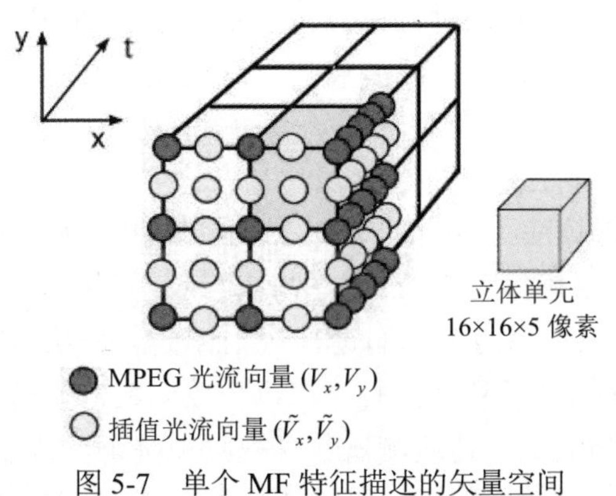

图 5-7　单个 MF 特征描述的矢量空间

本章基于 UCF50 和 HMDB51 两个行为数据集将 CGME 算法与 GME 算法[52][53]进行运动速度和行为识别率两方面的对比评估。算法运行速度是基于 Intel Xeon X3430 (2.4GHz) CPU 单线程执行，在每个数据集上随机采样 5000 个样本测试后的结果取平均值得到的，速度测试的对象分别为 CGME 算法和 GME 算法部分运行速度。我们选择高斯核 K=256 的 GMM 模型分别基于 MF 特征和 iDT 特征训练码本，并使用 Fisher 向量对行为特征进行编码，对编码结果进行 L2 归一化得到每段视频最终的行为特征向量。我们使用线性 SVM 分类器对行为特征进行训练、测试。表 5-1 给出了 CGME 算法与 GME 算法[52][53]比较评估结果。

如表 5-1 所示，在 UCF50 数据集上 CGME 算法速度达到了 853.5fps，比 GME 算法（6.5fps）快了 131 倍；在 HMDB51 数据集上 CGME 算法速度为 912.3fps，比 GME 算法（6.7fps）快了 136 倍。通过使用压缩域全局运动补偿算法替代 iDT 算法中的 GME 算法，特征提取时间可以节省 99%，完全可以满足实时应用的要求。在行为识别率方面，CGME 算法比 GME 算法略低，分别降低了 4.6%（UCF50 数据集）和 3.7%（HMDB51 数据集）。

表 5-1　CGME 算法与 GME 算法比较

数据集	行为识别率		算法运行速度	
	CGME	GME	CGME	GME
UCF50	**86.3%**	90.9%	**853.5fps**	6.5fps
HMDB51	**51.9%**	55.6%	**912.3fps**	6.7fps

注：表中数据加粗表示其为最优算法。

5.3.3　与前沿算法比较

手工特征 MF[63]算法和深度特征 EMV-CNN[84]算法是目前基于视频压缩域原始运动矢量进行特征提取的两个前沿算法。这里基于这两个前沿特征算法，将 CGME 算法执行后得到的运动矢量与原始运动矢量进行对比，以展现对原始运动矢量施加 CGME 算法的有效性和实时性。

（1）CGME+MF 算法与原始运动矢量+MF 算法比较。本章基于 UCF50 和 HMDB51 两个行为数据集将 CGME 算法与执行后得到的运动矢量与原始运动矢量在运动速度和行为识别率两个方面进行对比评估。算法运行速度是基于 Intel Xeon X3430 (2.4GHz) CPU 单线程执行，在每个数据集上随机采样 5000 个样本测试后的结果取平均值得到的，速度测试包含视频帧解码、特征提取、行为分类等完整的行为识别过程。与前面相同，我们选择高斯核 K=256 的 GMM 模型基于 MF 特征训练码本，并使用 Fisher 向量对行为特征进行编码，对编码结果进行 L2 归一化得到每段视频最终的行为特征向量。我们使用线性 SVM 分类器对行为特征进行训练、测试。表 5-2 给出了实验比较结果。

如表 5-2 所示，在 UCF50 数据集上 CGME+MF 算法行为识别率（86.3%）比原始 MF 算法（82.2%）提高了 4.1%；在 HMDB51 数据集上 CGME+MF 算法的行为识别率（51.9%）比原始 MF 算法（46.7%）提高了 5.2%。这些人体识别率结果表明 CGME 算法显著抑制了相机运动对人体行为造成的干扰，如图 5-5 所示。虽然 CGME+MF 算法的速度（UCF50 中为 514.1fps，HMDB51 中为 582.2fps）与原始运动矢量+MF 算法（UCF50 中为 698.4fps，HMDB51 中为 752.2fps）相比，下降了 20%~30%，但是它大约为图像实时处理速度的 20 倍，完全满足实时处理应用需求。

表 5-2 CGME+MF 算法与原始 MF 算法比较

数据集	行为识别率		算法运行速度	
	CGME+MF	MF	CGME+MF	MF
UCF50	**86.3%**	82.2%	**514.1fps**	698.4fps
HMDB51	**51.9%**	46.7%	**582.2fps**	752.2fps

注：表中数据加粗表示其为最优算法。

（2）CGME+EMV-CNN 算法与原始 EMV-CNN 算法比较。本章基于 HMDB51 和 UCF101 两个行为数据集将 CGME 算法与执行后得到的运动矢量与原始运动矢量在运动速度和行为识别率两个方面进行对比评估。算法运行速度测试包括了两个部分：视频帧解码获取运动矢量和执行 CGME 算法得到补偿后的运动矢量部分是基于 Intel i7-4790 (3.6GHz) CPU 单线程执行，而 EMV-CNN 卷积特征提取部分是在 Tesla K40c GPU 上获得。每个数据集上随机采样 5000 个样本的测试运行速度结果取平均值，速度测试包含视频帧解码、特征提取、行为分类等完整的行为识别过程。

EMV-CNN 算法采用 Zhang[84]等开源的论文代码，卷积网络参数设置使用代码中默认设置。在卷积网络训练阶段，采用三种数据扩充策略来学习较为鲁棒的 CNN 网络模型[84]：①从代表帧中随机采样 224×224 的图像块作为 CNN 网络输入；②将这些采样的图像块水平翻转后作为 CNN 网络输入；③使用空间尺度变化策略来增强 CNN 网络学习，具体就是在代表帧的 1、0.875、0.75 三个尺度上获取分别为 224×224、196×196、168×168 图像块，然后将它们放大为 224×224 大小的图像块。但在行为识别测试阶段，不使用这些数据扩充方法，只从图像帧中心处采样出 224×224 的图像块作为输入。根据 Zhang 等的设置，EMV-CNN 网络训练也加入初始化迁移学习将从 TV-L1 光流中学习到的 OF-CNN 网络模型参数作为初始参数送入 EMV-CNN 网络，并将 OF-CNN 网络作为教师网络对学生网络 EMV-CNN 进行监督迁移学习。表 5-3 给出了实验比较结果。

表 5-3 CGME+EMV-CNN 算法与原始 EMV-CNN 算法比较

数据集	行为识别率		算法运行速度	
	CGME +EMV-CNN	EMV-CNN	CGME+EMV-CNN	EMV-CNN
UCF101	**88.9%**	86.4%	**460.3fps**	535.2fps
HMDB51	**54.8%**	50.6%	**507.3fps**	576.5fps

注：表中数据加粗表示其为最优算法。

如表 5-3 所示，在 UCF101 数据集上 CGME+EMV-CNN 算法行为识别率（88.9%）比原始运动矢量+EMV-CNN 算法（86.4%）提高了 2.5%；在 HMDB51 数据集上 CGME+EMV-CNN 算法的行为识别率（54.8%）比原始运动矢量+EMV-CNN 算法（50.6%）提高了 4.2%。虽然 CGME+EMV-CNN 算法的速度（UCF101 中为 535.2fps，HMDB51 中为 576.5fps）与原始运动矢量+EMV-CNN 算法（UCF101 中为 460.3fps，HMDB51 中为 507.3fps）相比慢了一点，但完全能够满足实时处理应用需求。

5.4 本章小结

本章首先介绍了目前实时深度特征提取中存在的问题，然后根据全局运动矢量的对称性和差分性理论，在手工特征 MF 和深度特征 EMV-CNN 算法基础上进行改进，给出了基于全局运动估计与补偿 CGME 方法的行为识别方法。该方法首先基于四参数全局运动几何模型根据全局运动矢量的对称性和差分性进行全局运动参数估计，然后参照估计的全局运动参数进行全局运动补偿，强化人体行为运动矢量，最后基于 MF 和 EMV-CNN 进行人体行为特征提取。实验表明，基于全局运动补偿的行为识别算法能够满足行为识别中特征提取的实时性要求，在行为识别性能方面较手工特征 MF 和深度特征 EMV-CNN 算法有明显提升。

第 6 章　基于局部最大池化特征时空向量的行为识别

6.1 引　　言

行为识别仍然是计算机视觉中一项非常具有挑战性和高计算要求的任务，因其应用潜力巨大而备受研究者持续关注。行为识别流程可分为三个主要步骤：特征提取、编码和分类。目前分类技术已经比较成熟，而特征提取和编码则还有很大的改进空间。特征提取主要有两个方向：手工制作和深层特征。对于手工特征，最流行的行为特征描述符由定向梯度直方图（HOG）[54][59]、光流直方图（HOF）[59]和运动边界直方图（MBH）[146]表示。这些特征描述符是使用不同的方法从视频中提取的，如兴趣点[42]、运动轨迹[51][52][148]或密集采样[47][147]。通过深度神经网络学习的行为特征代表了研究的突破方向，取得了较好的结果[24][80][81][97][103][121][124][144][149]。

特征编码是行为识别系统性能的关键步骤，而超向量编码方法则是构建最终行为特征最强大的解决方案之一。改进的费舍尔向量（iFV）[72]和局部聚合特征向量（VLAD）[150]在许多工作中证明了它们相对于其他编码方法的优越性，成为特征编码这一步骤中的最优方法[16][52][147][151][152]。在视频分析时，时空信息是至关重要的，但以上特征编码方法缺失了这一信息，成为了致命弱点。另外，这些编码方法是基于手工特征构建的，而目前的新趋势是使用深度特征，因为它们能比传统手工特征获得更好的结果。近来不少研究工作也将这些编码方法应用于深度特征，但还没有形成成熟的系统来融合这些新特征，因为它们的性质和行为与手工特征有着显著不同。

深层特征通过深度神经网络学习到行为特征，为网络上层提供高判别能力，具有高级信息如对象等。而手工特征是人为手动设计的，通常包含边缘等低级信息。深层特征还具有高度稀疏性特点，例如 Simongan[24]等和 Wang[121]等的研究中从网络上层提取的特征图（经常用作特征）可以包含超过 90%的稀疏度；而对于手工特征，如 Wang[47]等和 Uijlings[147]等描述的，稀疏程度可以忽略不计。目前 iFV 和 VLAD 等大多数编码方法都是为获取高统计信息以提升识别性能而构建的。相对来说，手工特征 iFV 比 VLAD[16][147]效果更好，因为 iFV 获得了一阶和二阶统计数据，而 VLAD 仅基于一阶统计数据。虽然对于手工特征来说，使用更多的统计信息可以显著提高性能，但考虑到它们之间的差异，对于使用高阶统计信息的深层特征可能并不能保证性能的提升。事实上，不少最新研究（如 Xu[153]等的研究）表明 VLAD 编码在使用深度特征时优于 iFV。这一点在我们的实验中也得到了验证，iFV 并不能保证比 VLAD 性能更好。这表明，更简单的编码方法可能比依赖高阶信息的方法表现更好。考虑到这些问题，我们认为专门针对深层特征设计的新编码方法可以提供更好的行为识别结果。

重新训练或网络调优在许多方面都较为困难，而预训练神经网络在互联网上随处可取，许多研究者仅将预训练网络用作行为特征提取工具。因此，研究者迫切需要一种性能良好的深度特征编码方法。当前基于 ConvNets 方法的一个主要缺点是网络仅考虑一个或多个堆叠的帧（如 10 个堆叠的光流场[81][121]）的信息表示。网络为每个采样输入分配了它所属的整体视频标签，但问题在于，如果我们将如此少的帧作为网络输入，那么它可能无法正确反映整体视频标签，导致错误的标签输入。这些 ConvNets 方法从视频中单独获取所有采样输入的预测分数。然后通过聚合这些来自每个采样输入的预测分数，计算出视频的最终预测结果。这种简单的聚合方法不能完全解决上述问题。本章的任务通过学习一个反映整体视频标签的新通用表示来解决这个重要问题。这种学习方法使分类器能够获取在整个视频上提取的深度特征。

本章的主要研究贡献如下：

（1）给出了一个专门用于处理深度特征的新编码方法。我们利用深度特征的性质，获取网络中最高神经元激活的最高特征响应。

（2）通过考虑特征位置和特别编码这一信息，有效地将时空信息纳入编码方法中。在处理视频分类时，时空信息至关重要。我们给出如图 6-1 所示的编码方法——空时局部最大池化特征向量（Spatio-Temporal Vector of Locally Max Pooled Features，ST-VLMPF）对特征进行了两种不同的分配，一种是基于它们的相似性信息，另一种是基于时空信息。对于每个结果的分配，执行特定的编码，对信息进行两次最大池化和一次求和池化。

（3）提供一种用于处理深度特征的行为识别方案，该方案可以用于在任何已经训练好的网络上获得很好的结果，而无须在特定数据集上进行重新训练或微调。此外，本章所提框架可以轻松地结合来自不同深度神经网络的复杂信息。事实上，我们的行为识别方法提供了一种可靠的表示，优于目前最好的方法，同时保持了较低的时间复杂度。

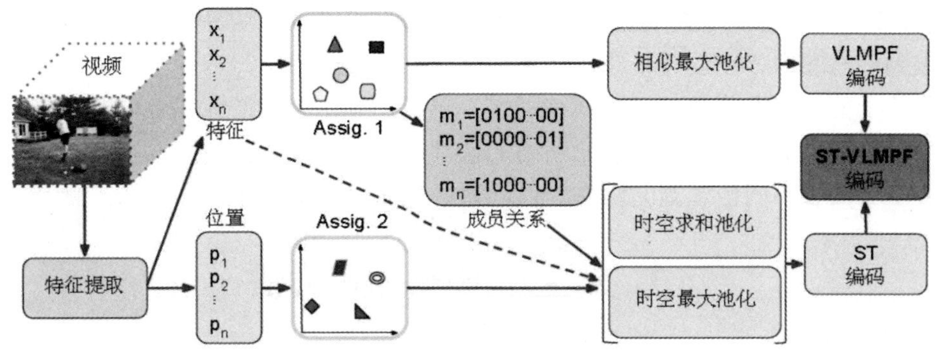

图 6-1 ST-VLMPF 深度特征编码框架

6.2 特征编码相关工作

有许多研究工作专注于改进特征编码方法，因为作为分类器输入的最终行为特征表示是提升系统性能的关键组成部分。基于超向量的编码方法是最强大的特征描述生成器之一。改进的费舍尔向量（iFV）[72]是最好的基于超向量的编码方法之一，它进行特征的软分配并融合了一阶和二阶信息。局部聚合描述符向量（Vector of Local Aggregated Descriptors，VLAD）[150]是 iFV 的简化，仅获取一阶信息并进行特征的硬分配。超级矢量编码（Super Vector Coding，SVC）[154]方法保留了零阶和一阶统计信息，所以 SVC 可以看作是矢量量化（Vector Quantization，VQ）[70]和 VLAD 的结合。

最近的许多研究工作试图改进上述编码方法。Peng[155]等中给出通过连接二阶和三阶统计数据并使用监督字典学习来改进 VLAD。Mironică[151]等则在树的修剪版本中使用随机森林来构建词汇表，然后再连接类似于 iFV 的二阶信息。Laptev[59]等和 Lazebnik[156]等考虑使用空间金字塔方法来获取有关特征位置的信息。但该方法的可扩展性是个问题，因为它大大增加了行为描述向量的大小，并且视频分割片段不能超过 4 个。Arandjelovic[158]等给出使用内部归一化来提高 VLAD 性能，而 Duta[159]等则给出基于 VLAD 的双重分配方案以提高准确性。Peng[157]等使用多层嵌套 iFV 编码来提高行为识别性能。与上述适用于手工特征的编码方法不同，我们给出了一种专门为局部深度特征编码而设计的方法。

最近，受到深度学习突破性研究成果的鼓舞，大量研究工作[24][80][81][97][103][121][124][144][149]将特征提取、编码和分类这三个主要步骤封装在一个端到端的行为识别框架中。Simonyan[81]等采用双流方案来获取人体行为外观和运动信息。

Fernando[125][160]等基于排名池化进行行为特征编码；Bilen[124]等的作者将这个思想扩展到动态图像，以创建视频描述特征。与上述方法相比，本章所提方法具有以下优势：能够使用任何可用预训练网络，无需训练、重新训练或微调即可获得非常好的性能，甚至可以改善原始网络的识别结果。此外，我们的方法可以轻松地融合多个具有不同信息源的网络，以创建极佳的视频特征描述。

6.3 ST-VLMPF 编码方法

在本节中，我们介绍所给出的用于深度行为特征的编码方法——空时局部最大池化特征向量（ST-VLMPF）。首先从行为视频数据集中随机选择一部分视频，提取行为深度特征，使用 k-means 算法学习一个码本 C，输出结果为 $k1$ 个视觉单词 $C=\{c_1,c_2,\cdots,c_{k1}\}$，它们是 k-means 算法学习到的每个特征簇的均值。当我们提取行为特征时，我们还保留特征在视频中的位置。对于每个特征，我们关联一个位置坐标 p：

$$p=(\overline{x},\overline{y},\overline{t});\overline{x}=\frac{x}{h},\overline{y}=\frac{y}{w},\overline{t}=\frac{t}{\#fr} \tag{6-1}$$

式中：h、w、$\#fr$ 分别为视频帧的图像高、宽和帧数。相应地，$\overline{x}$、$\overline{y}$、$\overline{t}$ 为 x、y、t 在视频中的归一化位置。归一化的结果保证视频中的每一个位置值都在[0,1]范围内。

除了第一个码本 C 外，我们还根据所选样本的特征位置用 k-means 算法学习第二个码本 PC：$PC=\{pc_1,pc_2,\cdots,pc_{k2}\}$。$k2$ 为位置单词个数，PC 为位置码本，它是计算码本 C 所用的行为深度特征的位置信息进行推导计算的。这是一种自动给出 $k2$ 时空视频划分的方法。

在构建码本之后，我们开始创建最终视频描述符，以作为行为分类器的输入。图 6-1 给出了一段视频生成其行为描述符的整个过程。从视频帧中提取局部特征（参见 6.4 节），整个视频由局部特征 $X=\{x_1,x_2,\cdots,x_n\}\in R^{n\times d}$ 表示，其中 d 为局部特征维度，n 是一段视频的局部特征总数。如上所述，我们与局部特征一起保留它们的位置 $P=\{p_1,p_2,\cdots,p_n\}\in R^{n\times 3}$。

行为特征编码方法使用获得的码本执行两个硬分配，第一个是基于特征相似性，第二个是基于它们的位置。对于第一个分配，每个本地视频特征 $x_j\,(j=1,\cdots,n)$ 被分配给码本 C 中与其最近的视觉单词。然后，在分配给簇 $c_i\,(i=1,\cdots,k1)$ 的特征组上计算向量表示 $v^{c_i}=[v_1^{c_i},v_2^{c_i},\cdots,v_d^{c_i}]$，其中每个 $v_s^{c_i}$（s 迭代向量的每个维度，$s=1,\cdots,d$）的值计算如下：

$$v_s^{c_i} = sign(x_{j,s}) \max_{x_j:NN(x_j)=c_i} \left| x_{j,s} \right| \tag{6-2}$$

式中：$NN(x_j)$ 表示特征 x_j 在码本 C 中的最近邻质心，它从根本上保证了对分配给视觉单词的每组特征分别执行池化；$sign$ 为函数返回数值的符号；$|\cdot|$ 计算绝对值。

理论上，公式（6-2）可以得到最大绝对值的同时保留返回的最终结果的符号。在图 6-1 中，我们将这种相似性称为特征最大池化，因为行为特征根据其相似性进行分组，然后对每个结果组执行最大池化。连接所有向量 $[v^{c_1}, v^{c_2}, \cdots, v^{c_{k1}}]$ 得到局部最大池化特征向量（Vector of Locally Max Pooled Features，VLMPF）编码，其维度为 $(k1 \times d)$。

第一个分配之后，我们保留每个特征的质心成员资格，目的是保留相关的基于相似性的聚类信息。对于每个特征，我们用一个向量 m 来表示隶属信息，向量 m 的大小等于视觉单词 $k1$ 的数量，除了表示相关的质心位置的值等于 1，其他所有元素都为零。例如，$m = [0100 \cdots 00]$ 将隶属特征信息映射到码本 C 的第二个视觉单词。

我们根据特征位置执行第二个分配。图 6-1 的下半部分显示了其计算过程。P 中的每个行为特征位置 p_j 被分配到距码本 PC 最近的质心。根据特征的位置对特征进行分组后，通过执行两种池化策略来计算另一个向量表示：一种是对时空聚类特征进行最大池化，另一种是对相应的时空聚类特征进行求和池化。对每个簇 pc_r（$r = 1, \cdots, k2$），连接这两种池化结果。因此，对于每组时空特征，计算得到一个向量描述 $v^{pc_r} = [v_1^{pc_r}, v_2^{pc_r}, \cdots, v_d^{pc_r}]$，其中 $v_s^{pc_r}$ 计算如下：

$$v_s^{pc_r} = cat\left[sign(x_{j,s}) \max_{p_j:NN(p_j)=pc_r} | x_{j,s} |, \left(\sum_{p_j:NN(p_j)=pc_r} m_{j,i} \right)^{\alpha} \right] \tag{6-3}$$

式中：cat 表示连接运算，$NN(p_j)$ 表示特征 p_j 在码本 PC 中的最近邻质心。

由于对成员信息进行求和池化可以在向量内创建峰值，因此我们对求和池化的结果进行归一化，类似于执行标准 $\alpha = 0.5$ 的幂归一化。理论上，在这种情况下我们对求和池的结果执行平方根以减少最终向量内的峰值。

与公式（6-2）不同，在公式（6-3）中，我们根据时空信息对特征进行分组，然后计算最大绝对值，同时保持特征的原始符号。我们还在公式（6-3）中连接关于从第一次分配获得的特征相似性的成员信息，其目标是将时空分组特征的相似性成员与时空信息封装在一起。连接所有这些向量 $[v^{pc_1}, v^{pc_2}, \cdots, v^{pc_{k2}}]$ 以创建时空

（Spatio- Temporal，ST）编码，其维度大小为$(k2\times d+k2\times k1)$。

连接 ST 和 VLMPF 编码得到完整的 ST-VLMPF 编码表示，它是行为分类器的输入。因此，最终 ST-VLMPF 编码向量维度为$(k1\times d)+(k2\times d+k2\times k1)$。ST-VLMPF 的目标是提供可靠的表示，其中包含整个视频的深层特征，为分类器提供更完整的信息以做出正确的决策。

6.4 局部深度特征提取

本节介绍行为视频的局部深度特征提取流程。基于卷积网络（ConvNets）[24][80][81][97][103][121][124][144][149]方法最近获得了比传统手工特征更有竞争力的行为识别性能。行为视频包含两个主要信息来源：外观和运动。在行为特征提取流程中我们分别使用三个流：用于捕获外观的空间流、用于捕获运动的时间流以及用于同时捕获外观和运动信息的时空流。局部深度特征提取的流程如图 6-2 所示，对于给定的视频，我们为三个网络流独立提取具有空间信息的特征图。

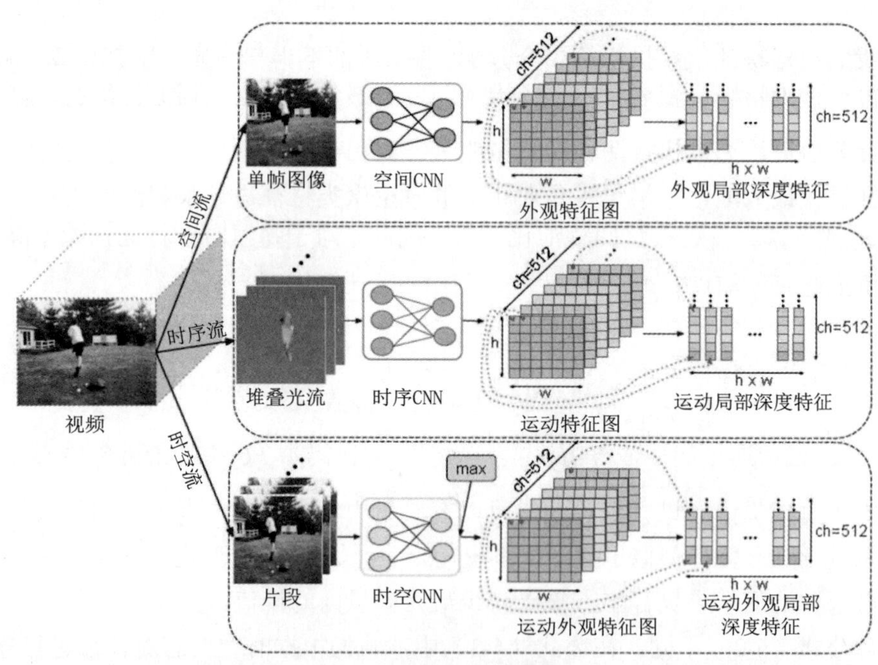

图 6-2 局部深度特征提取框架

为了捕获空间流中的外观信息，使用 Simonyan[24]等给出的 VGG ConvNet，它是一个 19 层的卷积神经网络。该网络的局部深度特征提取流程如图 6-2 上面部分所示。VGG19 ConvNet 输入分辨率为 224×224、RGB 三原色信息通道的图像帧。从视频中提取各图像帧以后，将其调整为网络所需的输入大小 224×224。对于每个图像帧，采用带有空间信息的最后一个卷积层的输出 pool5，以提供更深层的高判别性信息。通过采用空间信息的层，我们可以提取视频每一帧的局部深度特征，其中包含有关行为特征的空间像素关系的详细信息。pool5 的输出是空间大小为 7×7、512 个通道的特征图。为了从特征图中提取局部深度特征，单独获取每个空间位置并将所有 512 个通道的值连接起来，获得 512 维的局部深度特征。因此，从每一帧中我们获得 7×7=49 个局部深度特征，每个特征都是一个 512 维向量。最终，对于每个视频总共获得#frames×49 个局部深度特征。空间卷积网络（Spatial Convolutional Network，SCN）指的是用这个空间卷积网络提取的特征。

对于运动信息，我们使用 Wang[121]等重新训练的网络，这个深度网络最初是由 Simonyan[24]等给出的包含 16 层的神经网络 VGG-16。Wang[121]等使用新的输入数据重新训练了这个 VGG ConvNet 以适应一些新的应用场景，并在训练过程中尝试了一些新的调优方法，例如预训练初始化网络、较小的学习率、更多的数据增强技术和更高的 Dropout 率。具体来说，使用 UCF101 数据集[113]进行网络预训练，时间 ConvNet 的输入是 10 个堆叠的光流场，每个光流场都有一幅垂直运动光流图像和一幅水平运动光流图像，总计 20 个采样的光流图像。我们使用 TVL1 算法[161]的 OpenCV 实现提取视频帧的光流场。对于时间 ConvNet，我们还采用带有结构信息的最后一个卷积层的输出（pool5）。pool5 层的特征图空间尺寸为 7×7，通道数为 512。输入的最终局部深度特征是通过连接所有通道上每个空间位置的值来获得的，从而产生输入的 49 个局部特征。因此，使用时间 ConvNet 的视频得到(#frames−9)×49 局部深度特征。时域卷积网络（Temporal Convolutional Network，TCN）指的是用这个时间卷积网络提取的特征。

对于图 6-2 底部所示的时空流，我们选用 3D ConvNet[103]。该神经网络在 Sports-1M 数据集[80]上进行预训练，包含 16 层，旨在通过使用 3D 卷积核来捕获外观和运动信息。网络输入是从视频中提取的 16 帧长的片段。与前两个网络类似，我们使用步长为 1 帧的采样方式来创建神经网络输入片段。由于该网络的最后一层具有空间信息的特征图大小仅为 4×4，因此我们选用其前面的一层——conv5b。conv5b 层具有与前两个网络相似的特征图空间大小 7×7 和相似的通道数 512。然而，conv5b 层包含两个特征图，每个特征图为 7×7×512。在我们的实现流程中，仅构建一个 7×7×512 的特征图，具体操作是从 conv5b 中获取两个特征图的每个位置的最大值。然后，我们可以提取与前两个网络类似的局部深度特征。对于 3D 网络，输入视频的局部深度特征总数为 (#frames−15)×7×7。每个生成的局部深度特征都是一个具有 512 维的向量。我们将使用该 3D 卷积网络提取的特征称为 C3D。这三个网络产生的所有局部深度特征，ST-VLMPF 所需的归一化位置是根据特征图上的位置来提取的。

6.5 ST–VLMPF 算法有效性验证

6.5.1 实验数据集

我们在三个最流行和最具挑战性的行为识别数据集上评估所提算法：HMDB51[109]、UCF50[111]和 UCF101[113]。

HMDB51 数据集包含 51 个行为类别，总共 6766 段视频。实验中我们采用原始视频并遵循默认的 3 个训练测试分组[109]。我们以 3 个分组的平均识别准确度作为评价结果。

UCF50 数据集包含 6618 个源自 YouTube 的真实生活视频，有 50 个行为类别，所有视频分为 25 个预定义分组。我们遵循数据集推荐的标准流程，按照留一交叉验证方式进行实验并以 25 个实验结果的平均值作为分类准确率。

UCF101 数据集是广泛采用的行为识别基准数据集，包含 13320 个真实视频和 101 个行为类别。我们按照默认的 3 个训练/测试分组进行评估，并将这 3 个分组的平均识别准确率作为评价结果。

6.5.2 实验设置

对于局部深度特征提取流程中的运动光流，Wang[121]等为 UCF101 数据集的每个分组提供了 3 个已训练好的模型，所以我们直接使用这些模型进行特征提取。对于另外两个数据集 HMDB51 和 UCF50，我们仅使用在 UCF101 的 split1 上训练的模型来提取局部深度特征。

我们将所提的 ST-VLMPF 编码方法与两种最好的特征编码方法进行比较：改进的 Fisher 向量（improved Fisher Vectors，iFV）[72]和局部聚合描述符向量（Vector of Locally Aggregated Descriptors，VLAD）[150]。我们根据从每个视频子集中提取的 500K 个随机选择的特征来创建码本。我们将码本的大小设置为 256 个视觉单词，这是研究者在使用基于超向量的编码方法时广泛使用的标准大小。将 ST-VLMPF 的码本 $C(k1 = 256)$ 设置为与其他编码方法相同的大小可以更容易地比较它们，而且对于所有基于超向量的编码，具有相似数量的视觉单词也是一个公平的比较方法。

当使用我们的编码方法 ST-VLMPF 时，在分类之前对最终视频表示向量进行 L2 归一化。许多研究工作[42][45]，表明如果在特征编码之后应用功率归一化（Power Normalization，PN），然后进行 L2 归一化（$\| sign(x)\,|\,x\,|^{\alpha}\|$），则 iFV 和 VLAD 的性能会更好。对于 iFV 和 VLAD，我们遵循这一设计，将 α 设置为广泛使用的标准值 0.5。iFV 和 VLAD 在使用 PN 时效果更好的原因是它们的最终表示在向量中包含大峰值，而 PN 有助于减少它们并使向量更平滑。相反，在我们的应用场景中，ST-VLMPF 不生成包含大峰值的最终向量，因此没有必要应用 PN。对于行为分类部分，在所有实验中都使用参数 C=100 的线性一对多 SVM 进行分类。

6.5.3 参数调优

我们给出了关于视频分割数和特征维度的参数调优。所有调优实验均在 HMDB51 数据集上进行。

如图 6-3 所示为码本 *PC* 大小参数 $k2$ 的实验评估结果。

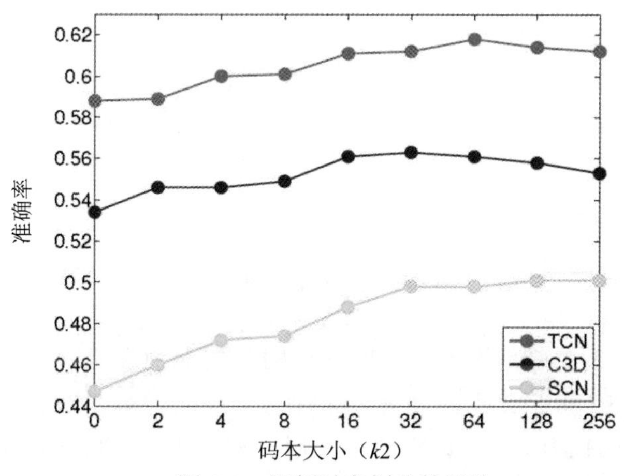

图 6-3 视频时空划分的评估

参数 $k2$ 表示用于 ST-VLMPF 编码方法的视频分割数。我们对所有三个局部深度特征 SCN、TCN 和 C3D 进行实验评估，局部深层特征的维度大小为 512。图 6-3 中的值为 0 代表不考虑时空信息的情况，也就是图 6-1 中的 VLMPF 编码。值得注意的是，图 6-3 实验结果表明，当码本大小参数 $k2$ 的值增加时，ST-VLMPF 对于三个局部特征的行为识别率都在持续显著提升，$k2=32$ 时达到峰值，充分说明我们在编码过程中融入时空信息的方法为动作识别系统的最终准确性带来了显著的提高。虽然对于 C3D 特征，行为识别准确率的增长停止在 $k2=32$ 的值附近，但对于 SCN 和 TCN 来说，准确率仍然继续略有增加。在本章后面的所有实验中，我们为 ST-VLMPF 编码设置 $k2=32$ ，以在精度、计算代价以及最终视频描述符大小之间进行良好地平衡。

如图 6-4 所示为使用 PCA 对局部深度特征进行降维处理时行为识别准确率变化情况。从图中可以看出，PCA 降维对于所有特征的行为识别准确性都有很大程度的影响。将特征维度从原始大小 512 减小到 64 会导致 SCN 的精度从 0.498 大幅下降到 0.464，TCN 的精度从 0.613 下降到 0.545，C3D 的精度从 0.563 下降到 0.525。所以在后面的实验中，我们使用原始特征维度 512 或者降到 256。

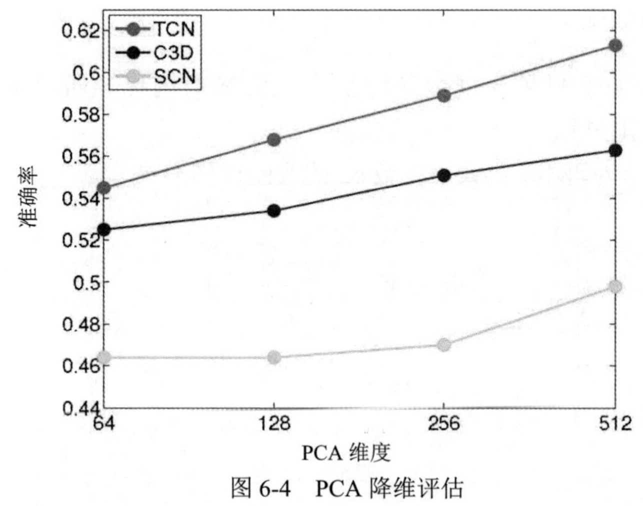

图 6-4 PCA 降维评估

表 6-1 总结了 3 类局部深度特征所获得的行为识别性能情况。该表还给出了局部特征维度为 256 和 512 两种设置时的行为识别准确率，以及在编码过程中不使用时空信息时（VLMPF）的识别结果。通过表 6-1，我们可以直观地看到将时空信息纳入编码方法给行为识别系统带来的性能优势。

表 6-1 HMDB51 数据集上 $k2=32$ 时行为识别准确率

编码方法	SCN		TCN		C3D	
	256	512	256	512	256	512
VLMPF	43.5	44.7	56.6	58.8	52.8	53.4
ST-VLMPF	**47.0**	**49.8**	**58.9**	**61.3**	**55.1**	**56.3**

注：表中数据加粗表示其为最优编码方法。

6.5.4 与其他编码方法比较

在本节中，我们将所提的 ST-VLMPF 编码方法与 VLAD 和 iFV 在行为识别准确率和计算效率方面进行比较。

（1）准确率比较。我们在 HMDB51、UCF50 和 UCF101 等 3 个数据集上比较 ST-VLMPF 与 VLAD 和 iFV 的行为识别准确率，局部深度特征维度分别选用 256 和 512。如表 6-2 所示为 3 个数据集的行为识别准确率结果。在极具挑战性的 HMDB51 数据集上，ST-VLMPF 在 3 个局部深度特征上明显优于 iFV 和 VLAD。对于 256 维的 SCN，ST-VLMPF 比 VLAD 高 9.8%，比 iFV 高 10.4%。UCF50 和 UCF101 分别报告了类似的准确率提升。我们可以看到所提的编码方法 ST-VLMPF 在所有情况下都显著优于 iFV 和 VLAD，表明了我们所提的编码表示方法的有效性。

表 6-2 ST-VLMPF 与 VLAD 和 iFV 行为识别准确率比较

编码方法			iFV	VLAD	ST-VLMPF
HMDB51/%	SCN	256	36.6	37.2	**47.0**
		512	41.8	40.3	**49.8**
	TCN	256	51.0	51.1	**58.9**
		512	56.6	53.9	**61.3**
	C3D	256	46.1	46.8	**55.1**
		512	49.0	49.1	**56.3**
UCF50/%	SCN	256	75.7	78.4	**86.3**
		512	81.0	80.2	**87.7**
	TCN	256	95.2	95.5	**97.1**
		512	96.1	95.4	**97.2**
	C3D	256	84.7	86.4	**94.1**
		512	88.8	89.0	**94.7**
UCF101/%	SCN	256	67.8	69.9	**80.4**
		512	74.1	73.4	**81.8**
	TCN	256	84.1	83.7	**86.6**
		512	85.4	85.2	**87.3**
	C3D	256	77.7	78.6	**85.5**
		512	79.8	81.4	**86.2**

注：表中数据加粗表示其为最优编码方法。

从表 6-2 中我们还可以看到，我们的方法在没有时空信息的情况下，仍然优于 iFV 和 VLAD。

（2）计算效率比较。表 6-3 所示为 ST-VLMPF 与 iFV 和 VLAD 在行为识别过程中的计算效率比较。计时测量是在单核 Intel(R) Xeon(R) CPU E5-2690 2.60GHz 上完成的，使用了 HMDB51 数据集中的 500 个随机采样的视频。

表 6-3 ST-VLMPF 与 VLAD 和 iFV 计算效率比较

方法	单位	iFV	VLAD	VLMPF	ST-VLMPF
SCN 256	fr/sec	253.2	1967.5	**2049.4**	1531.1
	sec/vid	0.357	0.046	**0.044**	0.059
SCN 512	fr/sec	168.7	1143.8	**1192.6**	964.7
	sec/vid	0.536	0.079	**0.076**	0.094
TCN 256	fr/sec	301.4	2213.8	**2329.2**	1741.0
	sec/vid	0.300	0.041	**0.039**	0.052
TCN 512	fr/sec	197.6	1299.5	**1370.9**	1062.0
	sec/vid	0.457	0.070	**0.066**	0.085
C3D 256	fr/sec	308.7	2372.5	**2455.0**	1769.6
	sec/vid	0.293	0.038	**0.037**	0.051
C3D 512	fr/sec	202.3	1375.0	**1426.0**	1086.5
	sec/vid	0.447	0.066	**0.063**	0.083
256	dim	131,072	**65,536**	**65,536**	81,920
512	dim	262,144	**131,072**	**131,072**	155,648

注：表中数据加粗表示其为最优编码方法。

我们给出几种编码方法生成视频特征描述符的每秒平均帧数（fr/sec）和每个视频的秒数（sec/vid）。对于所提编码方法，我们还给出了不使用时空信息（VLMPF）的结果，以直接观察添加时空编码的计算代价。从表 6-3 中可以看到，迄今为止计算成本最昂贵的方法是 iFV。这是因为该方法使用软分配和高阶统计来创建最终表示。VLAD 编码比 VLMP 稍慢是由于残差的计算所致。ST-VLMPF 的计算成本与 VLAD 相当，但它比 iFV 更高效，速度快了 5 倍以上。

表 6-3 的最后两行给出了每种编码方法生成的视频行为描述符的向量维度。我们可以看到 iFV 计算成本更高，生成的特征向量维度也很大，而 ST-VLMPF 与 VLAD 相当。尽管生成的维度相对较高，但在采用线性 SVM 分类器（本章默认的）的情况下，特征向量维度为 512 的 ST-VLMPF 生成给定视频的行为识别分类

时间小于 0.001，因此这是一个可以忽略不计的计算成本。

6.5.5 融合策略

前面的实验结果表明，我们给出的 ST-VLMPF 编码方法在所有数据集和所有特征类型上都获得了最佳行为识别准确率。实验结果还表明，当特征维度降低时，行为识别准确率会显著下降，所以我们使用了所有 512 个特征向量维度以最优行为识别准确率。已有文献研究表明，将深度特征与手工特征结合使用可以提高行为识别系统性能，所以我们在本节中实验验证以下 3 种特征组合的行为识别效果：DF、DF+HMG 和 DF+HMG+iDT。DF（Deep Features）表示 3 种局部深度特征，包括 SCN、TCN、C3D。如前所述，为了提取 TCN 特征，我们使用了在 UCF101 的 split1 上预训练 ConvNet。由于 UCF101 是 UCF50 数据集的扩展，为了避免过度拟合的风险，在进一步融合并与最新技术进行比较的过程中，我们剔除了 UCF50 数据集中的 TCN 特征。HMG（Histograms of Motion Gradients）[162]表示运动梯度直方图。我们使用作者提供的代码和默认设置进行视频特征描述符提取，并根据论文中的建议使用 iFV 对描述符进行编码。iDT（improved Dense Trajectories）[52]是改进的稠密轨迹算法，包含 HOG、HOF、MBHx、MBHy。我们还使用作者提供的代码来提取具有默认设置的描述符，并按照建议使用 iFV 创建最终的行为特征表示。对于所有手工特征，我们在分类之前独立应用 PN 操作($\alpha = 0.1$)，然后按照 Duta[162]等中的建议进行 L2 归一化。

对于这 3 种特征的组合，我们验证几种不同的融合策略：Early，在单独为每个特征类型生成行为特征描述符并对其归一化之后，将所有描述符连接成一个向量，再应用 L2 归一化来制作统一向量，然后执行分类操作；sLate，通过对每个特征表示的分类输出结果进行求和来实施后期融合；wLate，为每个特征表示分类输出结果赋予不同的权重，然后执行求和，权重组合通过取 0 到 1 之间的值进行调整，步长为 0.05；sDouble，除了对各个特征表示的分类输出结果求和之外，还添加了早期融合产生的分类输出结果；wDouble，调整总和的权重组合，类似于 wLate。

如表 6-4 所示为不同融合策略下的行为识别结果。结果表明，早期融合（Early 列）比晚期融合（sLate 和 wLate 列）表现更好。Double 融合结合了早期融合和晚期融合的优点，并进一步提高了准确性。对于 HMDB51 等更具挑战性的数据集，将深度特征与手工特征相结合可显著提高行为识别准确性，而对于 UCF50 等挑战性较小的数据集，手工特征不会对深层特征带来较大贡献。通过所提编码框架，我们在 HMDB51 上获得了 73.1%、在 UCF50 上获得了 97.0%、在 UCF101 上获得了 94.3%的最佳结果。

表 6-4　融合策略比较

数据集	行为特征	Early	sLate	wLate	sDouble	wDouble
HMDB51 /%	DF	68.6	66.4	67.6	68.3	**69.5**
	DF+HMG	69.5	66.5	67.8	68.4	**70.3**
	DF+HMG+iDT	71.7	68.8	70.9	70.3	**73.1**
UCF50 /%	DF	95.0	94.2	94.8	94.6	**95.1**
	DF+HMG	95.3	94.4	95.1	94.9	**95.4**
	DF+HMG+iDT	96.7	95.6	96.6	96.1	**97.0**
UCF101 /%	DF	93.5	92.0	92.2	92.6	**93.6**
	DF+HMG	**94.0**	92.5	92.7	93.1	**94.0**
	DF+HMG+iDT	**94.3**	92.4	93.4	92.8	**94.3**

注：表中数据加粗表示其为最优融合策略。

6.5.6　与前沿算法比较

如表 6-5 所示为本章所提算法的最终实验结果与 HMDB51、UCF50 和 UCF101 上前沿行为识别算法的比较。我们列出了 2 个版本的实验最优结果，第一个是基于 3 个局部深度特征（SCN、TCN 和 C3D）的 ST-VLMPF(DF) 编码方法的实验最好性能；第二个是本章中使用 ST-VLMPF(DF) + HMG + iDT 算法融合取得的最佳实验结果。

表 6-5　与前沿算法比较

HMDB51/%		UCF50/%		UCF101/%	
Jain[163]等	52.1	Solmaz[168]等	73.7	Wang[173]等	85.9
Zhu[164]等	54.0	Reddy[111]等	76.9	Karpathy[80]等	65.4
Oneata[165]等	54.8	Shi[65]等	83.3	Simonyan[81]等	88.0
Wang[52]等	57.2	Wang[51]等	85.6	Wang[53]等	86.0
Kantorov[63]等	46.7	Wang[52]等	91.2	Sun[144]等	88.1
Simonyan[81]等	59.4	Ballas[169]等	92.8	Ng[97]等	88.6
Peng[157]等	66.8	Everts[170]等	72.9	Tran[103]等	90.4
Sun[144]等	59.1	Uijlings[152]等	80.9	Wang [121]等	91.4
Wang[53]等	60.1	Kantorov[63]等	82.2	Wang[18]等	91.5
Wang[18]等	65.9	Ciptadi[171]等	90.5	Zhang[84]等	86.4

续表

HMDB51/%		UCF50/%		UCF101/%	
Park[149]等	56.2	Narayan[172]等	92.5	Peng[16]等	87.9
Seo[166]等	58.9	Uijlings[147]等	81.8	Park[149]等	89.1
Peng[16]等	61.1	Wang[53]等	91.7	Bilen[124]等	89.1
Yang[167]等	61.8	Peng[16]等	92.3	Diba[174]等	90.2
Bilen[124]等	65.2	Duta[162]等	93.0	Fernando[125]等	91.4
Fernando[125]等	66.9	Seo[166]等	93.7	Yang[167]等	91.6
ST-VLMPF(DF)	**69.5**	ST-VLMPF(DF)	**95.1**	ST-VLMPF(DF)	**93.6**
Our best	**73.1**	Our best	**97.0**	Our best	**94.3**

注：表中数据加粗表示其为最优算法。

从表 6-5 中可以看出，本章给出的 ST-VLMPF 编码表示方法在三个数据集上都取得了显著优于其他方法的行为识别准确率，这表明我们的方法提供了非常有辨别力视频编码表示和非常有竞争力的识别结果。通过与手工特征的融合，我们在具有挑战性的 HMDB51 数据集上较目前最好算法提高了 6.2 个百分点，在 UCF50 上提高了 3.3 个百分点，在 UCF101 上提高了 2.7 百分点。需要指出的是，这些实验结果是使用预训练神经网络获得的，这些网络没有在特定数据集上重新训练或调优（UCF101 数据集上的 TCN 深度特征除外）。例如，对于 HMDB51 数据集，3 个深度神经网络都没有从该数据集中看到任何训练实例，但我们仍然获得了非常好的行为识别结果。因此，我们所给出的编码方法也适用于重新训练或调优等较难完成的各种实际应用场景。

6.6 本章小结

在本章中，我们给出了局部最大池化特征的时空向量（ST-VLMPF）编码方法，它是专为编码局部深层特征而设计的基于超向量的编码方法。我们还有效地将时空信息纳入编码方法中，从而显著提高了行为识别准确性。ST-VLMPF 的行为识别性能显著优于两种当前最优编码方法 iFV 和 VLAD，同时保持较低的计算复杂性。我们的行为编码方法提供了一种在整个视频中融合深度特征的解决方案，有助于解决分配给网络输入的错误标签类别问题。我们给出的行为识别流程框架在 3 个具有挑战性的数据集上与目前最优方法的比较结果证明了我们的视频行为特征编码表示方法的优越性和鲁棒性。

第 7 章　基于姿态运动表示的行为识别

7.1　引　　言

在过去十年里，由于卷积神经网络（CNN）[81][103][175][176]的出现，行为识别领域取得了显著进展，逐渐取代了手工特征[42][52][60]。目前，CNN 架构主要基于空时卷积[103][176]、循环神经网络[98]或双流结构[81][101]。双流结构训练两个独立的 CNN，一个使用 RGB 图像数据处理外观，另一个基于光流图像处理运动。最近，Carreira 和 Zisserman[175]通过膨胀的 3 维（Inflated 3D，I3D）卷积的双流架构以及在大规模 Kinetics 数据集上进行的预训练，在行为识别方面获得了最佳性能[177]。

其他模式可以轻松添加到以上多流架构中。人体姿势具有外观和运动互补的信息，无疑是行为识别的重要线索[179][180][181]。采用人体姿势进行行为识别的研究文献的很大一部分致力于研究 3D 骨架输入[182][183][184]，但这些方法仅限于 3D 骨架数据可用的情况。最近的一些研究方法已经使用了 2D 姿势，其中一些假设行人的姿势是完全可见的，并基于人体关节周围的图像块提取手工特征[180]或 CNN 特征[178][179]。但是，这不能直接应用于包含多个行人、遮挡和截断的自然视频场景。Zolfaghari[181]等给出了一种对人体部分的语义分割图进行操作的姿态。该姿态流使用全卷积网络获取，然后使用时空 CNN 进行行为分类。

在本章中，我们重点关注整个视频片段中一些有价值的关键点的运动。对几个关键点的运动进行建模与通常的光流处理显著不同，因为在光流处理中，所有像素都被赋予相同的权重，与其语义无关。这些关键点的自然选择是人体关节，为此，我们给出了一种编码姿态运动（Pose Motion）的固定大小表示方法，称为 PoTion。与大多数仅限于帧[81][101]或片段[175][103][181]的方法相比，我们使用视频级描述可以捕获长时序依赖关系。此外，我们的行为描述表示是固定大小的，它不依赖于视频持续时间的长短。因此，它可以传递到传统的 CNN 网络中进行行为分类，而无须求助于循环网络或其他更复杂的方法。

如图 7-1 所示为构建 PoTion 行为特征表示的主要流程。在每一帧图像上运行目前效果最好的人体姿势估计器[185]，获取每个人体关节的热图。这些热图对每个像素包含特定关节的概率进行编码。我们使用颜色对这些热图进行着色，具体颜色取决于视频中帧的相对时间。对于每个关节，将所有帧上的彩色热图叠加，以获取整个视频的 PoTion 特征表示。根据该特征表示，我们训练一个有 6 个卷积层加一个全连接层的浅层 CNN 结构来完成行为分类。我们证明了该网络可以从头开始训练，并优于其他姿势特征表示[179][181]。此外，由于该神经网络很浅并将整个视频的紧凑表示作为输入，网络训练速度非常快，整个 HMDB 数据集在单个 GPU 上仅需 4 小时就可完成训练。作为比较，标准的双流方法需要几天的训练和仔细的初始化工作[101][175]。PoTion 是对标准外观和运动流的补充，当 PoTion 与 RGB 和光流上的 I3D 特征[175]联合使用时，我们在 JHMDB、HMDB、UCF101 上获得了最好的行为识别性能。我们还实验证明了它在最新的极具挑战性的 Kinetics 数据集中对那些运动模式清晰的行为类有帮助。

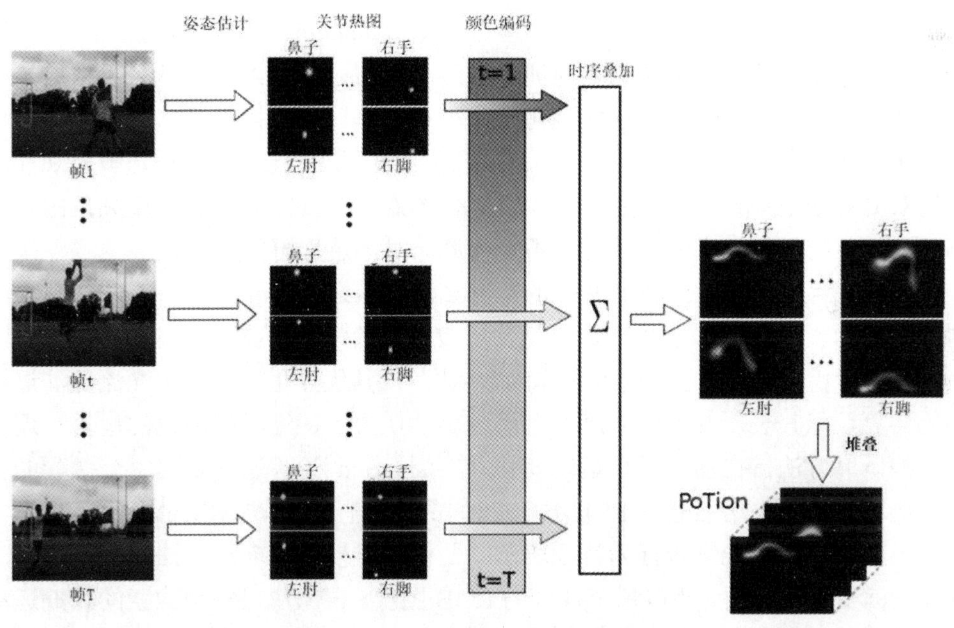

图 7-1 PoTion 特征表示提取框架

综上所述，本章得到了以下成果：

- 我们给出了一种新颖的视频级特征表示对人体姿态运动进行编码，称为 PoTion；
- 我们广泛研究了用于行为分类的 PoTion 表示和 CNN 网络结构；
- 我们实验验证，这种特征表示可以与标准的外观和运动流相结合，从而在具有挑战性的行为识别数据集上获得最好的行为识别准确率。

7.2 与本章相关的研究现状

（1）用于行为识别的 CNN。卷积神经网络（CNN）[186][23][24][25]最近在计算机视觉方面展现出了优异的性能。目前研究者沿着 3 条路线改进优秀的图像分类方法使之适应视频分析：①使用循环神经网络[97][98][187]；②使用时空卷积网络[188][103][176]；③除了 RGB 数据之外，还处理多流信息，如运动表示[81][101]等。特别地，在不同的视频理解任务中，如行为识别[123][81][101]、行为检测[189][190]和视频分割[191][192]，双流方法已经展现出了令人期待的结果。在这种情况下，两个信息流独立训练，并在行为分类时进行组合。第一个信息流通过使用 RGB 数据作为输入来处理外观。第二个信息流基于运动，其输入是使用已有方法[122][161]计算的光流，并将其转换为图像然后堆叠在多个帧上。Feichtenhofer[123]等通过在不同层级融合信息流而不是分别端到端地训练这两个流。最近的 I3D 方法[175]也依赖于双流方法，该架构使用空时卷积和池化操作处理视频，这些操作是从具有空间卷积和池化层的图像分类网络中延伸过来的。我们给出的 PoTion 表示与基于外观和运动的双流方法是互补的，因为它依赖于人体姿态。另外，它在整个视频范围内编码信息，并捕捉长时序依赖关系，不受神经元时间感受野的限制。

（2）运动表示。除了双流网络的标准光流输入之外，还有研究者给出了 CNN 的其他运动表示。例如，一种变体包括使用校正光流[101]作为输入来解释像素运动；另一种是考虑 RGB 帧之间的差异作为输入[101]，其优点是避免使用光流算法进行光流计算，但其表现并不比光流好，而且仍然仅限于持续时间较短的运动。近来的一些研究方法旨在捕捉长期运动变化[124][187]。Sun[187]等通过学习每个像素的独立记忆单元变化来增强卷积 LSTM。与我们的方法有些类似，Bilen[124]等给出了一种用于动作识别的视频级行为特征表示。他们通过使用排名池方法对每个像素随时间的演变进行编码，获得每个视频的 RGB 图像。该图像对每个像素的长期运动变化进行编码，并采用 AlexNet[23]算法对此特征表示进行行为分类。相反，我们计算整个视频的固定大小的特征表示，该特征表示显式编码一些语义部分（人类关节）的运动。最近，Diba[193]等线性聚合整个视频 CNN 特征用于行为识别分类。在本章中，我们使用 CNN 姿势特征和着色方案来聚合特征图。

（3）姿势表示。人体姿势是行为识别的判别线索。大量行为识别相关文献研究 3D 骨架数据[182][183][184]。这些方法大多数都在人体关节的位置上训练循环神经网络，但这需要知道每个视频帧中人的每个关节 3D 坐标，不能直接应用于包含多个行人、遮挡和截断的自然视频场景。使用 2D 姿势的首次尝试是基于手工特征[180][194][195]的，例如，Jhuang[180]等根据人体中心和尺度对关节的相对位置和运动进行编码；王[194]等则给出对身体部位（如左臂）上的关节进行分组，并使用词袋来表示一系列姿态；Xiaohan[195]等使用类似的策略，利用人体部位的层次结构。然而，这些表示存在一定局限性：①它们需要在视频中进行姿势跟踪；②特征是手工设计的；③它们对遮挡和截断不鲁棒。

最近的几种方法利用姿势引导 CNN，它们中的大多数使用关节来池化特征[178][179]或定义注意机制[196][197]。Ch´eron[179]等使用在人体关节周围的图像块训练 CNN。类似地，Cao[178]等根据关节位置池化特征，但未提及如何处理多人画面或遮挡场景。Du[196]等将端到端的递归网络与姿势注意机制融合后用于行为识别，该算法要求在训练视频中进行姿势关键点监督。Girdhar 和 Ramanan[197]给出了一个类似于带有低秩二阶汇聚方法的注意力模块，并实验验证了基于姿势估计的中间监督可以有效提升视频行为识别准确率。这些姿势注意力模块没有利用人体关节随时间变化的相对位置，我们的行为编码表示方法自然地涵盖了这些信息。

Zolfaghari[181]等给出的算法与本章的最相似，将人体部位语义分组作为输入学习带有空时卷积的 CNN 来描述姿态运动。这个姿态运动流借助马尔可夫链模型与标准的外观和运动流结合在一起进行行为识别。我们的 PoTion 编码表示通过聚焦整个视频中人体关节的运动，明显比这种分割表示更好。

7.3 PoTion 编码表示

本节介绍编码姿态运动的行为编码表示——PoTion，第 7.3.1 节介绍如何获取每一帧的人体关节热图，第 7.3.2 节描述着色步骤，第 7.3.3 节讨论不同的聚合方案以获得固定大小的视频编码表示。

7.3.1 提取人体关节热图

最新的 2D 姿态估计算法可以输出人体关节热图[185][198]，并给出每个像素处每个关节的估计概率。本章给出的 PoTion 行为表示方法基于该热图进行编码。这里我们使用效果最好的姿势检测算法 Part Affinity Fields[185]，它可以处理多行人场景，对遮挡和截断等也具有鲁棒性。该算法提取人体关节热图以及描述骨骼对应关节对之间密切程度的字段，以便将不同的候选关节关联到实际人体姿态中。在本章中，我们只使用联合热图，不需要描述字段 Affinity Fields。

我们在 MS Coco 数据集[199]上训练 Part Affinity Fields 算法[185]，以便能够执行关键点定位任务，然后在每个视频帧上运行这个训练好的算法，获得 19 个热图输出，其中包括 18 个人体关节（4 个肢体各 3 个热图，头部 5 个热图，躯体中心 1 个热图）和 1 个背景。我们用 H_j^t 表示第 t 帧中关节 j 的热图，即 $H_j^t[x,y]$ 是第 t 帧中像素(x, y) 包含关节 j 的概率。由于网络步长的原因，该热图的空间分辨率低于输入帧。例如，Cao[185]等采用的步长为 8，这会导致尺寸 368×368 输入图像帧只生成 46×46 的热图。在实际应用中，我们通过设置最小的热图来重新缩放所有热图，使它们具有相同的尺寸大小 64 像素。下面，我们分别用 w 和 h 表示重新缩放后的热图宽度和高度，即 $\min(w,h)=64$。我们还将热图的值限制在[0, 1]范围内，因为尽管经过了回归概率训练，但其输出值可能略低于 0 或高于 1。

7.3.2 时序依赖的热图着色

提取每一帧中的关节热图后，我们根据该帧在视频中的相对时间来对热图进行“着色”。具体来说，每个 $h\times w$ 和维度的热图 H_j^t 被转换为 $h\times w\times c$ 维度的图像 C_j^t，即具有相同的空间分辨率但有 c 个通道。c 通道可以解释为颜色通道，例如 $c=3$ 通道的图像可以用红色、绿色和蓝色通道进行可视化。我们将颜色定义为一个 c 维元组 $o\in\mathbb{R}^c$。我们对给定帧 t 处的所有关节热图应用相同的颜色 $o(t)$，颜色仅取决于 t。要注意的是，当画面中存在多个行人时，该着色方案也适用，并且关节不需要与时间变化关联。我们给出了与不同数量的输出通道 c 相对应的不同着色方案，即 $o(t)$ 的定义。

我们首先给出 2 个通道（$c=2$）的着色方案建议。如图 7-2 所示，通道 1 和 2 分别用红色和绿色，其主要思想是将第一帧着色为红色，最后一帧着色为绿色，中间帧以绿色和红色的相同比例（50%）着色。红色和绿色的确切比例是相对时间 t 的线性函数，即 $\frac{t-1}{T-1}$，见图 7-2（a）。对于 $c=2$，有 $o(t)=\left(\frac{t-1}{T-1},1-\frac{t-1}{T-1}\right)$。像素 (x,y) 和通道 c 在时间 t 的关节 j 的彩色热图由下式给出：

$$C_j^t[x,y,c]=H_j^t[x,y]o_c(t) \tag{7-1}$$

式中：$o_c(t)$ 是 $o(t)$ 的第 c 个元素。

这种方法可以扩展到任意数量的颜色通道 c，具体做法是将 T 帧分割成 $c-1$ 个定期采样的间隔。在第一个间隔中，我们应用前面介绍的两个通道的着色方案，使用前两个通道；在第二个间隔中，我们使用第二个和第三个通道，依此类推。我们在图 7-2（b）中展示了 $c=3$ 的相应着色方案，图中上半部分（网格状图形）为每个颜色通道的定义 $o_c(t)$，图中下半部分（条状形状）为其对应的 $o(t)$。在这种情况下，T 帧被分成两个间隔，在第一个间隔中颜色从红色（颜色条 a1 点）变为绿色（颜色条 a2 点），在第二个间隔中从绿色变为蓝色（颜色条 a3 点）。

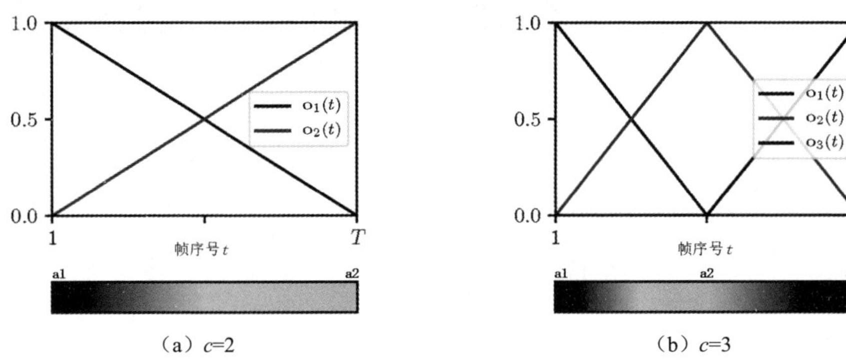

（a）c=2　　（b）c=3

图 7-2　着色方案

7.3.3　着色热图融合

构建视频级 PoTion 编码表示的最后一步是按照时序变化聚合彩色热图，见图 7-1 右侧，其目标是获取不依赖视频时长的固定大小的编码表示。我们尝试用多种不同方法聚合彩色热图。

我们首先计算每个关节 j 随时间变化的彩色热图之和，从而获得 c 通道图像 S_j：

$$S_j = \sum_{t=1}^{T} C_j^t \tag{7-2}$$

式中：S_j 的值取决于帧 T 的数量。

为了获得取值范围不变的统一编码表示，我们通过除以所有像素的最大值来独立地归一化每个通道 c。我们通过实验观察到，使用其他归一化方法如将每个通道除以 T 或 $\sum_t o(t)$ 时，能得到相近的行为识别准确率。我们得到一个 c 通道图像 U_j，称为 PoTion 表示：

$$U_j[x,y,c] = \frac{S_j[x,y,c]}{\max_{x',y'} S_j[x,y,c]} \tag{7-3}$$

图 7-3（第二列）给出了左列所示轨迹在 $c=3$ 时的着色结果图像，我们可以观察到关键点位置的时间变化是由颜色编码的。如果关节在给定位置停留一段时间，就会积累更强的强度（轨迹中间）。这种现象可能对行为识别具有负面性，所以我们给出了能反映归一化强度的一个变体。

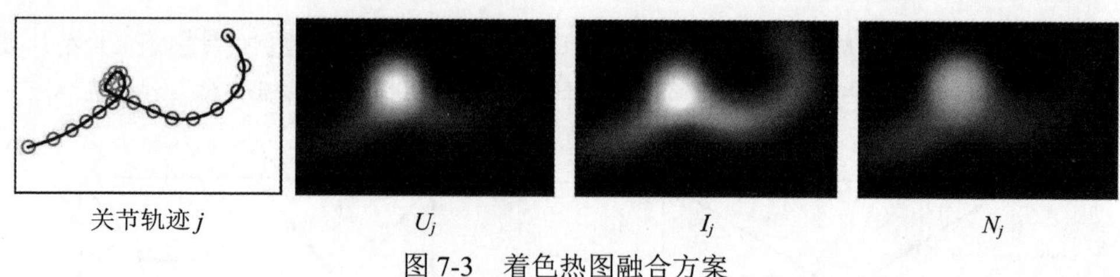

图 7-3　着色热图融合方案

我们通过对每个像素所有通道的值求和来计算强度图像 I_j，它是一个单通道图像：

$$I_j[x,y]=\sum_{c=1}^{C}U_j[x,y,c] \tag{7-4}$$

图 7-3（第三列）展示了强度图像示例。该编码表示没有时序相关的信息，但对关节在每个位置停留的时间进行了编码。现在可以通过将 U_j 除以强度 I_j 来得到归一化的 PoTion 编码表示——c 通道图像 N_j：

$$N_j[x,y,c]=\frac{U_j[x,y,c]}{\varepsilon+I_j[x,y]} \tag{7-5}$$

式中：$\varepsilon=1$ 以避免低强度区域不稳定。

图 7-3（右列）显示了图像 N_j 的示例。在这种情况下，运动轨迹的所有位置都被同等加权，而不管每个位置停留的时长。事实上，轨迹中的瞬时停止比 U_j 和 I_j 中的其他轨迹位置的权重更大。公式（7-5）中的除法消除了这种影响。

在第 7.5 节的实验中，我们研究了这 3 种编码表示形式及其组合的行为识别准确率，发现叠加 3 种表示形式总体上具有最佳性能。

7.4　基于 PoTion 编码表示运行 CNN

在本节中，我们介绍用于对视频的 PoTion 编码表示进行分类的卷积神经网络 CNN。第 7.4.1 节介绍了 CNN 网络架构，第 7.4.2 节给出了网络的一些实现细节。

7.4.1　网络结构

由于 PoTion 编码表示的纹理明显少于标准图像，CNN 网络架构既不需要很深，也不需要任何预训练。因此，我们给出了一个有 6 个卷积层和 1 个全连接层的架构，如图 7-4 所示。CNN 网络的输入由所有关节堆叠的 PoTion 表示组成。更准确地说，当所有关节堆叠 U_j、I_j 和 N_j 时，它有 $19\times(2C+1)$个通道，其中 19

是关节热图的数量，U_j、I_j 和 N_j 分别具有 C、1 和 C 个通道。

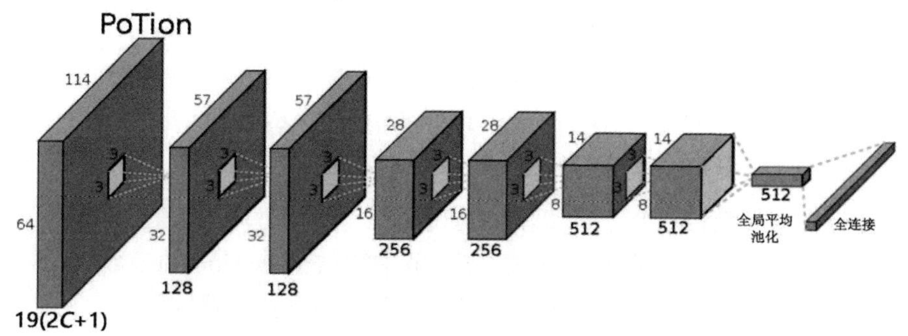

图 7-4 CNN 网络结构

本章所提的 CNN 架构由 3 个块组成，每个块中有 2 个卷积层。所有卷积的内核大小均为 3，第一个卷积的步长为 2，第二个卷积的步长为 1。相应地，在每个块的开头位置特征图的空间分辨率除以二。当空间分辨率降低时，我们将通道数加倍，从第一个块的 128 个通道开始。每个卷积层后面接一个批量归一化[200]和一个非线性 ReLU 操作。在 3 个卷积块之后，我们接入全局平均池化层，然后用带有 soft-max 的全连接层来执行视频分类。在第 7.5 节中，我们实验研究了这个 CNN 架构的一些变体，这些变体具有不同数量的块、卷积层和通道。

7.4.2 网络实现细节

我们采用 Xavier 初始化方法[201]来初始化所有层的权重，这与标准行为识别方法中初始化方法明显不同。一般来说，行为识别方法需要在 ImageNet 数据集上进行预训练，甚至对光流等模态数据也是如此。Carreira 和 Zisserman[175]近期强调了使用 Kinectcs 数据集[177]进行行为识别预训练的重要性。相比之下，我们的 CNN 以 PoTion 编码表示作为图像输入，可以从头开始训练。在训练过程中，我们在每个卷积层之后以 0.25 的概率丢弃激活[202]。我们选用 Adam[203]优化网络，并设置批量大小（batch size）为 32。在为数据集的每段视频预先计算紧凑的 PoTion 表示以后，在单块 GPU NVIDIA Titan X 上训练 HMDB 的 CNN 大约 4 小时。也就是说，视频分类训练可以在单个 GPU 上于几个小时内完成，无需任何预训练。这与大多数非常好的行为识别方法形成了鲜明对比，它们通常需要进行非常关键的预训练操作[175]，并且要在多个 GPU 上花费数天时间才能完成行为识别过程。

数据增强在 CNN 训练中发挥着重要作用，所以与图像和行为分类一样，在训练时随机翻转输入数据可以显著提高性能（参见第 7.5 节）。在实际操作中我们不仅水平翻转 PoTion 表示，还交换了左右关节对应的图像通道。另外，我们也尝试了一些其他数据增强策略，如随机裁剪、平滑热图或为每个关节随机移动几个像素，也就是添加少量随机空间噪声，但没有得到任何明显的行为识别性能增益。

7.5 PoTion 表示的实验分析

在本节中，我们将对 PoTion 编码表示进行深入的实验研究。在介绍了第 7.5.1 节中的数据集和指标之后，我们在第 7.5.2 节中测试了 PoTion 的参数变化对行为识别结果的影响，在第 7.5.3 节中研究了 CNN 结构参数设置的影响，在第 7.5.4 节中检查了真实姿态或估计姿态的影响，最后在第 7.5.5 节中将所提方法与现有前沿算法进行了比较。

7.5.1 数据集与评价标准

我们主要在 HMDB 和 JHMDB 数据集上进行实验。我们还在 UCF101 以及更大、更具挑战性的 Kinetics 数据集上进行比较。

HMDB 数据集[104]包含来自 51 类 6766 个视频段，如梳头发、坐或打棒球。

JHMD 数据集[180]是 HMDB 的子集，包含来自 21 个类别的 928 个短视频。所有帧都用合适的木偶模型进行了标注，形成了近似的 2D 真实姿势。

UCF101 数据集[113]由来自 101 个行为类别约 13000 个视频组成，包括各种运动和乐器演奏。

最近引入的 Kinetics 数据集[177]规模很大，有 400 个类，从 YouTube 收集了大约 30 万个视频片段。

HMDB、JHMDB 和 UCF101 有 3 个训练/测试分组。我们用 HMDB-1 表示 HMDB 的第一个分组，依次类推。Kinetics 数据集只包含一个分组，训练集中有大约 240k 个视频，验证集中有 20k 个视频，测试集中有 40k 段视频，但测试集的这些视频未公开。我们使用 YouTube 上仍然可用的视频，即在 239k 视频上进行训练并报告验证集中 19k 视频的结果。

所有数据集中每个视频只有一个标签，因此我们报告平均分类精度（以百分比表示），即给定类别的视频被正确分类的比率，对所有类别计算平均值。在研究参数时，我们将每个实验做 3 次，并报告 3 次运行的平均值和标准差。

7.5.2 PoTion 编码表示参数实验

在本节中，我们研究 PoTion 表示的参数，即每个关节的通道数以及融合方法。

（1）通道数。我们首先研究 PoTion 表示（参见第 7.3.2 节）中通道数量对行为识别的影响。图 7-5 显示了改变颜色通道 c 的数量时 JHMDB 和 HMDB 第一个分组的平均分类准确率。我们观察到识别性能先是明显提高，直到 $c=4$ 。当 c 在 $c=2$ 和 $c=4$ 之间时，在 JHMDB 和 HMDB 数据集上分别提高了 7%和 2 %的行为识别准确率。在 $c=6$ 或 $c=8$ 时，识别性能开始饱和或下降。在后续的实验中，我们使用 $c=4$ ，它是 PoTion 表示的准确性和紧凑性之间的最佳平衡值。

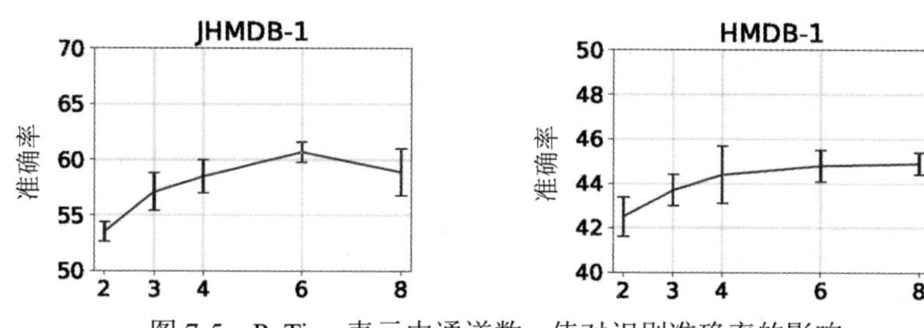

图 7-5 PoTion 表示中通道数 c 值对识别准确率的影响

（2）融合方法。我们现在研究 PoTion 表示中不同融合方法对行为识别准确率的影响。首先使用 3 种融合方法训练不同的模型：U、I 和 N（参见第 7.3.3 节）。表 7-1 中给出了这 3 种方法条件下行为识别准确率。与其他表示相比，融合方法 I 会导致准确率显著下降，特别是在 JHMDB 数据集上（下降了约 8.5%）。这是因为该方法仅考虑了姿态关节变化，忽视了姿态时序的作用。当叠加这 3 种融合方法，然后训练 CNN 网络后，我们在 HMDB 上获得了较小的行为识别增益，并且在 JHMDB 上获得了大致相同的性能（在小数据集大方差条件下）。在下面的实验中，我们使用 3 堆叠融合方法 $U+I+N$ 。

表 7-1 不同融合方法的平均分类准确率（符号+表示方法叠加）

融合方法	JHMDB-1	HMDB-1
U	**60.7 ± 0.4**	44.1 ± 0.9
I	52.2 ± 2.7	43.3 ± 0.4
N	60.4 ± 1.0	42.5 ± 0.9
$U+I+N$	58.5 ± 1.5	**44.4 ± 1.3**

注：表中数据加粗表示其为最优融合方法。

7.5.3 CNN 参数实验

（1）数据增强。表 7-2 比较了在 CNN 训练期间是否翻转数据增强的行为识别准确率。从实验数据中，我们可以看到翻转这种数据增强策略是有效的，特别是在小数据集 JHMDB 上，行为识别准确率提升了 7%。对于较大的 HMDB 数据集（提高了约 1%）影响不是那么重要。我们在后续所有实验中使用翻转数据增强功能。

表 7-2 训练期间是否翻转数据增强的行为识别准确率

翻转	JHMDB-1	HMDB-1
是	**58.5 ± 1.5**	**44.4 ± 1.3**
否	51.3 ± 5.7	43.4 ± 0.6

注：表中数据加粗表示其为最优策略。

（2）网络架构。我们现在比较不同的 CNN 网络架构对行为识别准确率的影响。网络由多个块组成，其中空间分辨率保持恒定，如图 7-4 所示。我们分别调整块的数量、每个块的卷积层数量以及卷积滤波器的数量。在 7.4.1 节中介绍的网络架构有 3 个块，分别有 128、256、512 个通道，每个块有 2 个卷积层。我们采用相同的符号来描述这些替代架构。表 7-3 中给出了各种架构的行为识别情况。当每个块仅使用 1 个卷积层（第四行）时，行为识别准确率分别下降了 4%和 6%，说明 CNN 网络深度不够。每个块有 3 个卷积层（第六行）也会导致性能小幅下降（3%和 4%），说明网络深度过大，无法使用有限的数据进行稳定地训练。我们现在研究 CNN 网络块数的影响。

表 7-3 不同网络架构的行为识别准确率

<table>
<tr><th colspan="2">网络结构</th><th rowspan="2">JHMDB-1</th><th rowspan="2">HMDB-1</th></tr>
<tr><th>通道数</th><th>卷积层数</th></tr>
<tr><td>128，256</td><td>2</td><td>58.9 ± 1.8</td><td>42.1 ± 0.9</td></tr>
<tr><td>256，512</td><td>2</td><td>57.3 ± 3.4</td><td>43.6 ± 0.2</td></tr>
<tr><td>64，128，256</td><td>2</td><td>59.5 ± 0.8</td><td>42.4 ± 0.9</td></tr>
<tr><td rowspan="3">128，256，512</td><td>1</td><td>54.1 ± 1.3</td><td>37.9 ± 0.3</td></tr>
<tr><td>2</td><td>58.5 ± 1.5</td><td>44.4 ± 1.3</td></tr>
<tr><td>3</td><td>55.1 ± 2.2</td><td>40.4 ± 0.2</td></tr>
<tr><td>256，512，1024</td><td>2</td><td>56.0 ± 3.0</td><td>42.7 ± 0.6</td></tr>
<tr><td>128，256，512，1024</td><td>2</td><td>36.3 ± 6.1</td><td>35.5 ± 0.5</td></tr>
</table>

注：表中数据加粗表示其为最优网络结构。

从表 7-3 中我们可以看到，具有 2 个块（前两行）的架构比具有 3 个块的架构行为识别准确率稍低（大约 1%到 2%）。添加第 4 个块（最后一行）也会导致性能显著下降，这是由于数据集较小导致的。最后，我们还研究了卷积滤波器数量的影响。我们可以看到，将其除以 2（64, 128, 256）会导致 JHMDB（最小的数据集）的准确性稍高一些。但是，对于更大的数据集则需要更多数量的过滤器。如果我们将滤波器的数量加倍（256、512、1024），性能会因过度拟合而下降。因此，我们选择每个块有 2 个卷积层的架构，3 个块的卷积层分别设置 128、256 和 512 个通道。

7.5.4 姿态估计算法的影响

在本节中，我们研究位姿估计造成的误差的影响[185]。为此，我们从 JHMDB 数据集带标注的木偶模型中提取真实 2D 姿态，标注内容中包括每个木偶关节的 x、y 坐标。我们从中综合生成联合热图，得到类似于 Cao[185]等生成的热图。这些热图是以标注的关节位置为中心，通过高斯分布计算获得的。需要注意的是，人偶模型有 15 个关节，而 Part Affinity Fields 算法[185]提取的是 19 个热图。表 7-4 给出了在 JHMDB-1 数据集上使用估计姿态、真实木偶姿态以及以木偶为中心裁剪时的平均行为分类准确率。我们从表 7-4 中可以看到，使用真实木偶姿态情况下在 JHMDB 上行为准确率提升了约 4%。我们还实验了以木偶为中心进行图像帧裁剪的情形。这种变体让我们聚焦于人体并稳定视频，但只有当我们知道每个行人正在进行运动并且可以跟踪时才能实施这样的裁剪策略。表 7-4 显示该裁剪策略可带来约 6%的额外识别性能提升。在后续实验中，GT-JHMDB 指的就是使用裁剪帧的木偶姿态。

表 7-4 JHMDB-1 上行为识别准确率

算法	准确率
estimated pose[185]	58.5 ± 1.5
puppet pose	62.1 ± 1.1
puppet pose + crop	**67.9 ± 2.4**

注：表中数据加粗表示其为最优网结构。

7.5.5 PoTion 与前沿算法比较

（1）多流方法。这里我们验证了本章给出的 PoTion 表示能否与大多数前沿方法[81][101][175]所用的标准 RGB 和光流两种流信息形成互补。为此，我们在每个数据集上微调 TSN[101]和 I3D[175]，然后使用相同的权重将基于 RGB 和光流信息得到的行为识别准确率与 PoTion 流得到的识别准确率融合。要注意的是，PoTion 流的行为识别准确率对应于之前实验的第一分组上运行的结果，我们运行三次，计算平均值和标准差。表 7-5 列出了在 JHMDB、HMDB 和 UCF101 数据集第一分组的平均分类准确率，可以看到 PoTion 与 RGB 和光流信息有着明显的互补性。将 PoTion 与 TSN 组合以后，平均分类精度的增益高达 8%（在 HMDB-1 数据集上）。替换为更新的 I3D 架构后，由于 Kinetics 上进行过预训练，导致其性能显著提升。我们仍然在所有数据集上都获得了行为识别准确率提升，最高增益达到了 3%（在 GT-JHMDB-1 数据集上）。总之，我们实验证明了 PoTion 为外观和运动流带来互补的信息。也正如预期的那样，当双流方法的性能较低时（TSN），这个增益弥足珍贵。

表 7-5　PoTion 结合算法的行为识别准确率

算法	流	GT-JHMDB-1	JHMDB-1	HMDB-1	UCF101-1
PoTion	**PoTion**	70.8	59.1	46.3	60.5
TSN[101]+**PoTion**	RGB+Flow	80.8	80.8	69.1	92.0
	RGB+Flow+**PoTion**	87.5	85.0	77.1	94.9
I3D[175]+**Potion**	RGB+Flow	87.4	87.4	82.0	97.5
	RGB+Flow+**PoTion**	**90.4**	**87.9**	**82.3**	**98.2**
Zolfaghari et al.[181]	RGB+Flow	72.8	72.8	66.0	88.9
	Pose	56.8	45.5	36.0	56.9
	RGB+Flow+Pose	83.2	79.1	71.1	91.3

注：表中数据加粗表示其为最优算法。

（2）与 Zolfaghari[181]等所提算法比较。在表 7-5 中我们还将所提方法与最相关的算法[181]进行了比较，该方法在双流基础上添加了人体部位语义分组作为第三个流信息。PoTion 的行为识别表现明显优于该姿态流（“PoTion”行与 Zolfaghari 等所提算法的“Pose”行）：在 JHMDB 和 GT-JHMDB（即使用木偶标注）2 个数据集上提升了 14%，在 HMDB 数据集上提高了 10%，在 UCF101 数据集上增加了 4%。因此，PoTion 对于编码整个视频中行人姿态的变化非常有效。PoTion 比 Pose 算法在 GT-JHMDB 数据集上的行为识别准确率提升了 14%，完全是由改进的编码表示带来的，因为 Pose 算法也使用相同的 GT 姿态。当与 TSN 或 I3D 结合使用时，我们的多流行为识别性能也显著高于 Zolfaghari 等所提算法。

（3）与前沿算法比较。表 7-6 将我们的最佳方法（即 PoTion 与 I3D[175]的组合）与现有前沿技术进行了比较。总的来说，我们在所有数据集上都优于现有方法，包括利用姿态变化[181][197]或捕捉长周期运动变化[187]的方法。在 JHMDB 数据集上，我们显著优于 P-CNN[179]，这是一种利用姿态估计来池化 CNN 特征的方法。我们获得的准确率（85.5%）明显高于行为定位方法[87][204]报告的分类性能，并且比 I3D 高出 1.4%。在 HMDB 上，我们报告平均分类精度为 80.9%，比 I3D[175]好 0.3%，比其他方法好 10%以上。在 UCF101 上，我们还得到了最好的行为识别准确率，达到了 98.2%，仅比 I3D 高出 0.5%。值得注意的是，与其他文献报告的数字直接比较并不完全公平，因为每种方法使用的信息流模式（例如仅 RGB[103][176][197]，或光流[81][101][175]）和预训练数据集（ImageNet[101]，Sports1M[103]或 Kinetics[175]）都不完全相同。不管怎样，本章所给出的 PoTion 表示可与当前最好算法 I3D 形成互补，并能有效提升行为识别准确率。

表 7-6 PoTion 与前沿算法全面比较

算法	JHMDB	HMDB	UCF101
P-CNN[179]	61.1	—	—
Action Tubes[204]	62.5	—	—
MR Two-Sream R-CNN[87]	71.1	—	—
Chained (Pose+RGB+Flow)[181]	76.1	69.7	91.1
Attention Pooling[197]	—	52.2	—
Res3D[176]	—	54.9	85.8
Two-Stream[81]	—	59.4	88.0
IDT[52]	—	61.7	86.4
Dynamic Image Networks[124]	—	65.2	89.1
C3D (3 nets)[103]+IDT	—	—	90.4
Two-Stream Fusion[123]+IDT	—	69.2	93.5
LatticeLSTM[187]	—	66.2	93.6
TSN[101]	—	69.4	94.2
Spatio-Temporal ResNet[188]+IDT	—	70.3	94.6
I3D[175]	—	80.7	98.0
I3D†	84.1	80.6	97.7
PoTion	57.0	43.7	65.2
I3D† + **PoTion**	**85.5**	**80.9**	**98.2**

注：表中数据加粗表示其为。†表示我们重现的结果。

（4）详细分析。为了进一步分析 PoTion 表示能够获得的行为识别性能增益，我们实验研究了 I3D 和 I3D+PoTion 两种行为特征表示在 JHMDB 数据集各类别上的分类准确率差异。每个类别上的差异如图 7-6 所示，可以看到几乎所有类别的行为识别准确率都显著提高了。值得一提的是，有些类别已经被完美分类，所以不可能获得更进一步的增益。显著的提升通常与明确定义的姿态运动模式有关，如挥手或拍手等行为动作。识别表现较差的行为类别主要集中在姿态与其动作极其相似的场景，如 3 种类型的射击行为中，人的外观比运动姿态更相关。

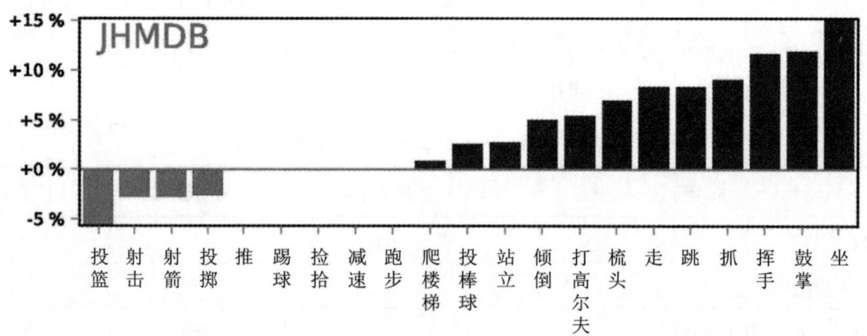

图 7-6　在 JHMDB 上单独使用 PoTion 时每类识别准确率增益（3 个分组的平均值）

（5）Kinetics 数据集上的识别结果。我们还评估了 PoTion 在大规模数据集 Kinetics[177]上的行为识别性能。由于需要处理的视频帧数量巨大，我们以约 100 fps 的速度来计算关节热图[185]。我们从两帧图像中采样一帧，将图像大小调整为 320×240 固定分辨率，在这个尺度估计热图。在 Kinetics 数据集上，I3D+PoTion 比 I3D 在 top-1 和 top-5 行为识别准确率分别下降了 2%和 1%。为了更好地解释这种损失，我们在图 7-7 中显示了 10 个最佳类别和 10 个最差类别中每个类别的 top-1 行为识别准确率差异。我们观察到，行为识别准确率下降幅度最大的是打领结和制作寿司等行为类别。经过仔细分析，我们发现这些行为类别中许多视频没有人这个目标，因为它们是从第一人称视角拍摄的视频。即使人部分可见，大多数关节也不可见。另外，一些视频的焦点集中在操作目标对象而不是人本身。例如，熨烫类视频主要拍摄熨斗和操作熨斗的手。对于这些视频，PoTion 无法做出准确的姿态预测。Kinetics 数据集上的视频除了只能近似提取 PoTion 特征、画面里的人不可见以外，许多视频压缩度高，相机运动干扰大，并且视频段里包含多个镜头。尽管存在以上困难，I3D+PoTion 仍然能够提升许多行为类别的行为识别准确性能，特别是存在清晰运动模式的行为类，如扫地或庆祝等。

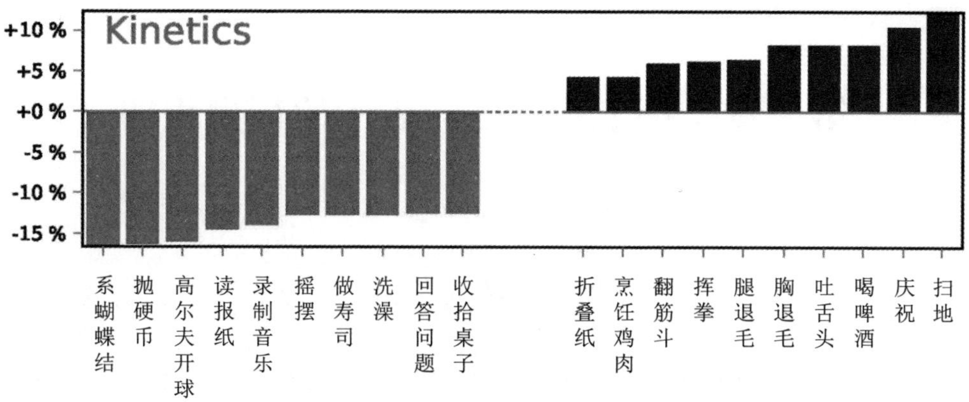

图 7-7 I3D+PoTion 组合特征表示提升了 Kinetics 数据集上每类 Top-1 识别准确率（10 个最佳和 10 个最差类别）

7.6 本章小结

本章介绍了 PoTion 行为特征表示方法，它编码了视频段中姿态关键点的运动变化。我们通过实验展示了这种新颖的视频行为表示法可基于浅层 CNN 进行行为分类。此外，它与传统的外观和运动流存在互补性。PoTion 表示法在 JHMDB、HMDB 和 UCF101 等数据集上达到了最佳行为识别准确率。在后续研究中，我们将使用滑动窗口方法在未剪辑标注的视频上进行实验验证。另一个思路是构建端到端的关节热图和行为分类神经网络训练，因为从热图构建 PoTion 表示法是完全可微分的，所以端到端的学习方法是可行的。

第 8 章　基于动态运动表示的行为识别

8.1　引　　言

近年来，计算机视觉研究者在行为识别和检测领域取得了显著进展，这得益于大规模真实人类行为视频数据集的构建。数据集 UCF101[109]、HMBD51[113]、Kinetics[177]、Moments in Time[206]、Something Something[207]、Charades[208] [209]、HACS[210]、DALY[211]、YouTube-8M[205]、Human 3.6M[212][213]、Hollywood[107]、NTU[184]、UCF-Sports[214][215]和 AVA[216]等已经将这项研究工作引向了一个更具挑战性和现实性的问题。此外，像 THUMOS[217]和 ActivityNet[218]这样的挑战赛，也显著促进了视频分析中不同任务的进展。

早期基于深度学习的方法为了解决视频行为分类问题，主要采用端到端的序列卷积神经网络（CNN）与循环神经网络（RNN）串联，以获取外观表示来进行行为预测[98]。

循环神经网络（RNN）和长短期记忆网络（LSTM）在与文本相关的任务中表现良好，如语音识别、语言建模、翻译和图像描述等[219][220]，但在行为识别上的应用尚未显示出显著的改进效果。卷积神经网络（CNN）在处理静态图像的任务上非常成功，如图像分类[23]及物体检测和分割[221]，但对视频时序列图像（帧）的处理还有很大的提升空间。

较新的方法通过引入双流结构[81][101]，证明了将运动信息纳入 CNN 的重要性，该架构并行训练静态 RBG 图像流和光流堆叠的神经网络。双流架构确实有利于视频动作识别，因为某些活动可能基于静态图像及其上下文的外观而独特地被捕获（如游泳和篮球），而其他活动可能有不同的表现形式但有相似的动态线索（如说和听）。

然而，层数过多的卷积网络并没有发掘出外观、运动特征图中的动态结构表示，因为先验假设这些特征图表示会陷入深层模型分布之中。

除了原始 RGB 帧之外，附加信息对行为识别任务也很有帮助，有些数据集将音频信号作为额外模态信息，另一些行为数据集则添加人体关节的 2D/3D 坐标作为辅助信息。

本章的目标是整合视频中每个像素的动态信息，从而更好地捕捉人体运动，用于行为识别任务。图 8-1 给出了本章所提方法的主要流程。人体的运动被表示为时间的函数，并被映射到一个潜在空间中，为识别行为提供补充信息。

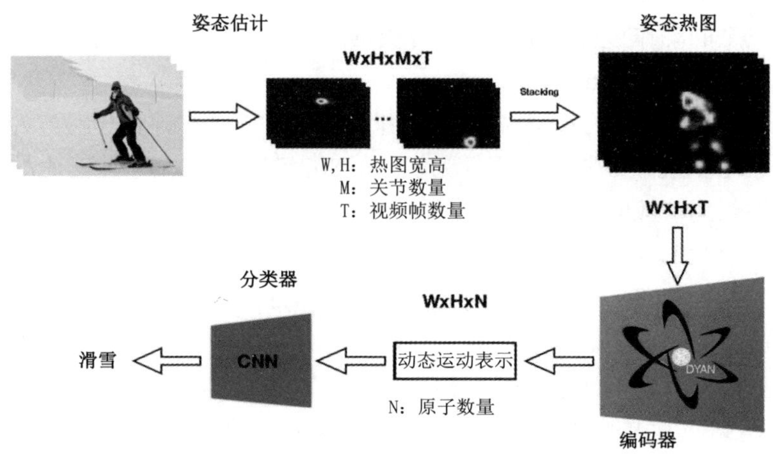

图 8-1　DynaMotion 算法主要工作流程

本章的主要贡献如下：

（1）给出了一种新颖的动态编码器模型，捕捉身体关节运动的时间信息并生成一个视频级的特征表示。

（2）对所提的 DynaMotion 动态运动表示进行深入实验验证，并将其输入到 CNN 中完成人类行为分类任务。

（3）通过将动态表示与外观和运动流相结合，我们在几个行为识别基准数据集上取得了最佳性能。

8.2　相关研究工作

行为识别旨在识别现实生活中常见的人类行为动作。为帮助这一领域，收集的数据集如 UCF101 和 HMDB51 提供了不同人在受控环境中进行不同行为动作的真实视频。下面我们对行为识别的近期研究工作分为 4 类进行综述：

（1）多模态，如原始 RGB 帧、光流和音频[222][223][224][225]。

（2）时空和 3D CNN[226][227][228][229][230][231]。

（3）基于 RNN 和 LSTM 的模型[232][233]。

（4）视频行为表示方法[234]。

1）多模态：Kalogeiton[189]等给出了一种 Action Tubelet 检测器，该检测器生成一系列带有分数的边界框，他们使用 SSD 检测器提取一组锚定立方体。另一项研究[235]使用了基于瓶颈（bottleneck）模块的网络，每个模块都有两个带有宽阔和细长字典的稀疏编码层。Saha[190]等研究了采用 RGB 图像、光流和运动检测分数对同时发生的动作进行时空定位和分类问题，他们通过解析两个动态规划的能量最大化问题来构建 action tube。

Wang[101]等给出时间段网络 TSN（基于长期时间结构建模思路）并结合稀疏时间采样策略和视频级监督进行行为识别。Shi[236]等研究基于注意力的建模，以找出在捕捉长期依赖时的显著度信息。

2）时空和 3D CNN：最近的一项研究工作[237]通过知识蒸馏方法展示了时间和空间流的聚合对于行为识别任务的重要性。Wang[238]等构建了一个融合空间和时间特征的金字塔网络。在短视频（通常只有几秒钟）上进行 3D 卷积操作可以隐式地从原始帧中学习运动特征，然后在视频级别进行预测结果聚合。Karpathy[80]等的卷积网络仅比单帧基线略好，这表明学习运动特征是困难的。鉴于此，Simonyan[81]等直接从光流中纳入运动信息，但在推理时只采样了最多 10 个连续帧。这种局部方法的缺点是每个帧/剪辑可能只包含完整视频信息的一小部分，导致卷积网络的表现不比对单个帧进行分类的简单方法好。

3）基于 RNN 和 LSTM 的模型：最初基于深度学习架构的视频行为识别方法包括一个在图像帧层面通过序列 CNN 进行特征提取的模块，后接一个循环网络，以便两个网络能够联合训练，同时学习时间动态和卷积感知表示信息[98]。近期几项研究工作受到了这一过程的启发，比如 Ye[239]等从固定长度切片的视频段中提取时空 CNN 特征，以便通过 LSTM 学习序列外观和动态信息。与 Donahue[98]等不同的是，该方法并非端到端训练，而是使用词袋或主导运动作为预先计算的特征描述符，将它们作为 LSTM-RNN[240]神经网络的输入。

Ng[97]最近的研究工作尝试用几种不同的方法来聚合视频长时序（数十秒）上高效的 CNN 图像特征，包括特征池化和循环神经网络等。而长短期记忆（LSTM）方法[98]选择记忆单元来存储、修改和访问内部状态，使其能够更好地发现长时间序列中的内在联系。该研究工作在 CNN 之上接入五层堆叠的 LSTM 来提取时间序列信息（CNN 的输出向上传递到 LSTM 层并随时间向前传递）。该研究还分析了不同的卷积时间特征池化方法，以更好地为其设计 CNN 结构。在行为识别的最近工作[52]中，通过显式估计相机运动改进了密集轨迹，从而获得了更好的视频行为特征描述。他们采用 SURF 描述符和密集光流匹配不同帧间的行为特征关键点。

4）视频行为表示方法：一项关于行为识别视频特征表示的研究工作是 Biler[124]等，通过对原始图像像素进行排名池化，为每段视频生成一个 RGB 图像。动态图像通过 CNN 中的一个时间池化层来发掘视频中发生的动作和运动。另一项研究工作是 Hasan[241]等构建了一个完全卷积的前馈自编码器，以学习局部特征和分类器，形成端到端深度学习框架。自编码器学习了长时视频中的规律性运动，并可用于识别视频中的不规律事件（异常事件检测）。同时，他们还使用完全卷积自编码器学习了低层行为运动特征。

我们给出的方法也可以归类为视频行为表示模型。在这项研究工作中，我们受益于在物体检测和实例分割领域的最新方法——Mask R-CNN[242]，它能为多种目标提供关键点估计。我们通过估计人体姿势来解决人类行为识别问题（使用 Mask R-CNN 检测人并获取其关键点和热图）。这种方法有效地同时检测图像中的多个目标（这里检测人），并估计人体姿势，使我们能够进一步利用视频帧中的人体运动信息。

8.3 动态运动表示（DynaMotion）

在本节中，我们介绍行为表示模型 DynaMotion 来编码人体运动。我们从第 8.3.1 节热图提取开始，然后在第 8.3.2 节描述动态编码器模型。最后，我们展示了最优性能方法，作为一个由 RGB、光流以及所提 DynaMotion 表示作为并行流的三流神经网络。

8.3.1 肢体关节提取与热图

2D 和 3D 姿态估计最新研究进展使得获取人体关节坐标（以及其他物体的关键点）变得相对容易[242][185]。我们还可以从带有姿态注释的数据集上完成预训练的神经网络中提取中层特征和热图。热图可以被解释为每个像素处有肢体关节的近似概率。在这里，除了作为我们行为定位模型一部分的人物边界框之外，我们还使用 Mask R-CNN[242]来提取行为识别所需的关节热图。我们选择 Mask R-CNN 这个模型是因为它能在图像中检测多个目标及其关键点（我们用它检测肢体和关节），为每个目标给出掩模。该算法对遮挡有着非常好的鲁棒性。另一方面，我们使用在 COCO 数据集[199]上预训练 Mask R-CNN 得到的人物边界框和关节热图。我们在 5.2 节消融研究中详细地通过实验讨论了热图有用的原因。

我们通过 Mask R-CNN 从图像帧中为每个关键节点提取热图。该模型提取 17 个肢体关节（头部 5 个，每个四肢 3 个），结果输出为 18 个通道：每个关节一个热图加上一个背景通道。然后，我们将这些通道堆叠在一起，从而得到所有肢体关节的综合热图。热图的空间分辨率低于原始帧，我们将其上采样到固定大小 64×64 像素。在实现细节中，我们用 $W \times H$ 表示重新缩放后热图的大小。姿态热图中每个像素的值在 0 到 1 之间，代表相应像素属于特定身体关节的概率。接下来，我们给出一种高效的方法编码这些热图的时间演变作为神经网络的输入。

8.3.2 仿射鲁棒的运动编码

张[245]等使用线性时不变系统对 3D 人体关节运动进行了建模，并展示了这种表示法可以成功用于行为识别。另外，Ayazoglu[243]等验证了由线性自回归动态模型建模的 3D 运动轨迹的所有仿射 2D 投影可以使用相同的线性动态模型来表示。这表明可以利用视点不变性捕获关节热图的动态变化。因此，我们采用最近给出的基于动态的编解码器网络 DYAN[244]来捕获关节的动态信息。DYAN 是在视频帧预测的背景下给出的，但可以应用于任何时间序列，只要它可以被线性系统的输出近似表示。我们选择这个编码器是因为它使用的参数很少，易于训练且已展示出卓越的预测性能。更重要的是，该模型有效利用了上述描述仿射视点不变性（仿射鲁棒）。

在无监督训练期间，DYAN 学习一个大小为 $T \times N$ 的结构化字典 D，使用一组 N 个基于动态的原子来编码长度为 T 的输入序列 $y_{1:T}$。这些原子（D 的列）是低阶（一阶和二阶）线性时不变系统的脉冲响应，这些系统通过其极点 $p_i = \rho_i e^{j\Phi_i}$ 的幅度 ρ_i 和相位 Φ_i 进行参数化：

$$D = \begin{bmatrix} 1 & 1 & \cdots & 1 \\ p_1 & p_2 & \cdots & p_N \\ p_1^2 & p_2^2 & \cdots & p_N^2 \\ \vdots & \vdots & \cdots & \vdots \\ p_1^{T-1} & p_2^{T-1} & \cdots & p_N^{T-1} \end{bmatrix} \tag{8-1}$$

然后，序列 $y_{1:T}$ 的编码通过非常稀疏的系数向量 c 给出，该向量选择并权衡字典中的原子。我们通过解稀疏化问题来得到向量 c：

$$\min_c \frac{1}{2}\|y_{1:T} - Dc\|_2^2 + \lambda\|c\|_1 \tag{8-2}$$

其中，第一项寻求输入数据的良好拟合，而第二项惩罚较高阶的系统。算法主体思想是，编码寻求使用尽可能少的极点来解释输入数据，即拟合输入数据较好的“最简单”的线性系统的输出，其中系统的“复杂性”通过其极点的数量来衡量（更多细节请参考 DYAN[244]）。要注意的是，向量 c 的维度为 N，即原子的数量，不论输入的长度如何，正如前面所提到的，它应该是稀疏的。

8.3.3 外观与动态信息聚合

我们使用第 8.3.2 节所述编码方法为每个视频输入提取一个固定大小的视频行为特征表示。通过在动态编码视频表示之上训练一个卷积神经网络，模型能够学习字典 D。因此，我们可以根据选择每个行为类别的一组原子系数向量 c 来分类视频帧序列中发生的行为。这些信息聚焦于行人动作，并且与原始视频 RGB 图像及其光流的上下文信息（作为并行的 RGB 和 OF 流）互补。我们使用性能最好的预训练模型 I3D[175]，并针对实验中的每个数据集进行微调。最后，我们聚合来自每个流的信息，以获取给定视频段的行为分类得分。在第 8.4.2 节详细讨论如何合并来自这三个流的得分。

8.4 DynaMotion 实现细节

在本节中，我们从第 8.4.1 节开始，描述如何结合基于动态原子级的编码器与姿态热图来行为分类。然后，在第 8.4.2 节中，我们解释了基于动态编码器的深度神经网络架构，并给出了网络实现细节。

8.4.1 动态编码

我们首先使用 Mask R-CNN 模型处理视频的每一个输入帧，生成肢体关节的热图以及人体边框。DynaMotion 方法的其余部分使用人体裁剪图像部分，以避免背景对识别性能和计算成本的影响。我们将生成的 18 个通道的热图堆叠成在一起形成一个单通道，并将 T 个连续的 $W \times H$ 热图平展成 $WHT \times 1$ 维向量，然后将这些向量输入到 DYAN 编码器层[244]。动态编码器层的输出是一组稀疏的 WH 向量，维度为 $N \times 1$，我们将其重新整理为 $W \times H \times T$ 维特征。因此，编码器产生的特征向量与输入空间大小相同（$W \times H$），拥有 N 个通道（原子数量）。该层后面接续的是第 8.4.2 节中描述的一个浅层神经网络，计算出视频行为分类得分。参照 Liu[244] 等的相关设置，我们定义原子数 N 为 161（我们用第一象限内的 40 个极点初始化字典 D，在单位圆周围的一个环内，及其在其他象限的 3 个镜像，加上一个固定的极点 $p = 1$ 来代表常数输入）。整体架构通过最小化惩罚行为分类错误的损失函数来学习字典 D，即编码器层的极点集合。

8.4.2 网络结构

我们研究了多种神经网络，在动态运动特征表示之上进行视频级特征训练，并观察到使用包含六个卷积层和一个全连接层的浅层网络，就可以获得最佳结果。所以，得到的架构与标准 CNN 相比是一个浅层网络。我们发现，鉴于我们的动态运动表示的特点，网络不需要很深，可以从头开始轻松训练（无需预训练）。第一个卷积层的输入是编码器的输出，其大小为$W \times H \times N$。图 8-2 给出了我们所提的神经网络架构。

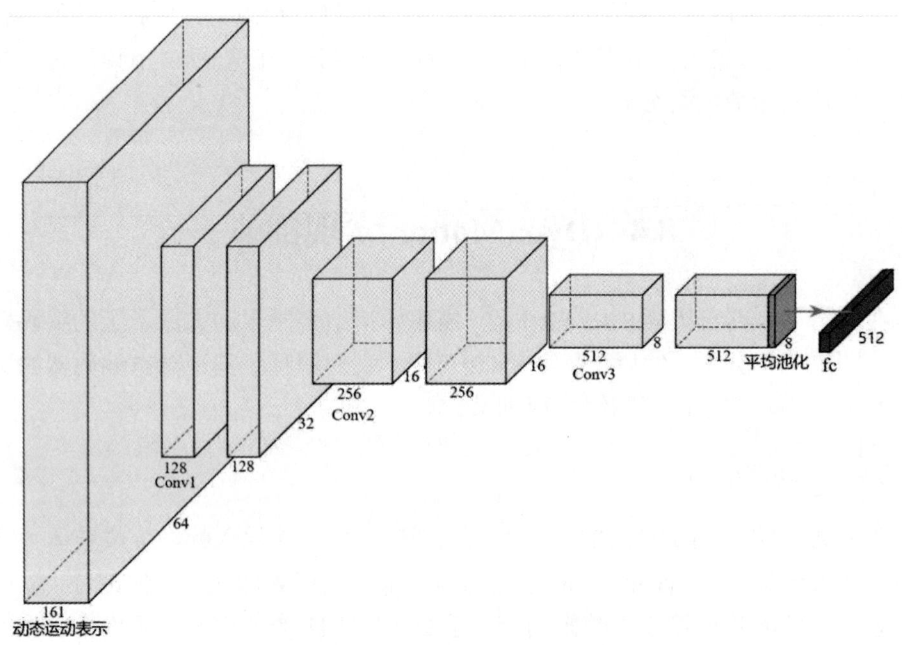

图 8-2 DynaMotion 特征表示网络

网络由一个编码层和三个块（block）组成，每个块包含两个卷积。所有卷积层的滤波器大小为 3，每个块中第一个卷积层的步幅为 2，每个块中第二个卷积的步幅为 1。在每个块中，输入的空间分辨率下降，通道数翻倍（第一个块有 128 个通道，最后一个块有 512 个通道）。我们在每个卷积层后使用批量归一化，接着是 ReLU。在第三个块后，我们插入了一个平均池化层，随后是一个全连接层和 softmax 分类器，以获取行为类别得分。这个得分稍后将与 RGB 和 OF 流（来自 I3D 模型）的得分进行融合，结果是每帧一个单独的得分（通过平均这些得分来融合）。

8.5 消融实验

在本节中，我们给出在 4 个数据集上使用所提的动态运动表示进行行为分类和检测性能全面评估的实验结果。第 8.5.1 节介绍了实验中所使用的数据集，第 8.5.2 节和第 8.5.3 节介绍了动态编码器模型及其网络参数的详细信息。为了评估本章所提模型的有效性，我们在第 8.5.4 节详细报告了实验结果，展示了使用所提网络的影响。最后，第 8.5.5 节展示了我们最佳模型与 3 个主要行为识别数据集和 1 个行为检测数据集上最新算法的比较结果。

8.5.1 数据集

对于行为识别，我们使用 3 个主要数据集（HMDB51、UCF101 和 JHMDB）来检验我们所提模型在不同情景下学习人体运动动态变化的性能。我们还在 AVA 数据集上使用所提模型进行了行为检测。

HMDB51[32]是一个包含 51 类行为的数据集，每类至少有 101 个视频段。该数据集总共有 6849 段视频，源自电影和 YouTube。该数据集附带了预计算的特征，如 HoG 和 STIP。我们只使用视频文件来训练我们的模型。

JHMDB 数据集[25]提供了 HMDB51 中 21 种行为的关节信息。该数据集包含 928 段视频中每个图像帧的行为运动光流、掩码以及关节位置。这些视频的标签形式是一段视频对应一个行为类别。每段视频还有一个元标签，包括行为目标人数、视点等信息。因此，可以使用这个数据集的姿态标注信息监督训练行为识别模型。

UCF-101 数据集[52]包含 101 个行为类别，分为 3 分组（总共约 13K 个视频剪辑）。与 HMDB 相同，每段视频都有一个分类标签。

AVA 数据集（原子视觉行为[17]）包含 80 个行为类别，总共 430 个视频段（其中 235 个用于训练，64 个用于验证，131 个用于测试）。该数据集在空间和时间上都定位有行为标签，总共形成了 1.58M 个标签，以及包围行人的边界框。在实验中，我们使用 AVA 数据集的 2.1 版本。

8.5.2 姿态编码

我们使用 DYAN[37]的编码器层提取动态运动表示，并将其输入到 CNN 中。采用 DYAN 算法的开源代码，并将极点数量设置为 40 个，时间范围（输入帧数）设置为 $T = 30$。如前面所讨论的，一个基本假设是行人活动可以被建模为低阶动态模型。DYAN 算法学习多少原子（即系统的阶数）以及从原子池中选择哪些原子。更多细节请参见 Derpanis 等[37]对 DYAN 研究的第 3.2 部分。我们尝试在关节坐标（位置）和关节热图（作为两种不同的输入类型）上使用动态编码器。表 8-1 显示了将热图与关节坐标（位置）作为我们编码器的输入数据类型的使用情况。实验表明，我们的模型使用热图表现最好，因为热图的每个像素都传递了更多信息。

表 8-1 DynaMotion+热图、DynaMotion+关节坐标和 C3D+热图的行为识别准确率

算法	JHMDB-GT	JHMDB	HMDB	UCF101
DynaMotion+热图	**69.7%**	**60.2%**	**49.1%**	**63.5%**
DynaMotion+关节坐标	63.8%	53.4%	40.3%	52.9%
C3D+热图	57.7%	37.3%	31.5%	44.0%

注：表中数据加粗表示其为最优算法。

我们还在热图上基于 C3D[56]训练了一个 3D 卷积网络（与 DynaMotion 中的编码热图不同），以展示使用我们的模型编码行为动态变化的有效性。如表 8-1 的第三行所示，尽管两个网络都使用姿态热图的时间演化作为输入，我们所给出的神经网络性能优于 C3D 网络。

8.5.3 动态运动 CNN

在本节中，我们研究 DynaMotion 网络的参数以及数据扩增的影响。我们比较浅层网络和深层网络的差异，最佳行为识别准确率是在 DYAN 编码器上的六层 CNN 中获得的。进行模型训练时，我们在每个数据集上迭代 100 次。

实验表明，通过翻转图像（从右到左）来扩增数据有助于提高行为识别准确率。表 8-2 显示了数据扩增对 JHMDB、HMDB51 和 UCF101 数据集第一分组的行为识别准确率的影响。UCF101 数据集的数据扩增影响约为 2%，而 JHMDB 的准确性提高了近 10%。HMDB51 的准确性增益约为 3%。这个行为识别准确率增益变化是合理的，因为就数据量大小而言，HMDB51 比 UCF101 小，比 JHMDB 大。基于这一实验结果，我们扩增了所有数据集进行后续实验。

表 8-2 数据扩增对行为识别准确率的影响

数据扩增方法	JHMDB	HMDB51	UCF101
翻转图像（从右到左）	60.2%	49.1%	63.5%
无数据扩增	51.4%	46.3%	61.9%

8.5.4 DynaMotion 的影响

为了了解使用动态运动表示的重要性，我们比较了使用和不使用动态运动编码的结果。在这组实验中，我们使用 C3D[56]、R(2+1)D[57]和 I3D[7]网络与我们的动态运动网络结合。我们使用 HMDB51、JHMDB 和 UCF101 的第一分组来评估使用所给出的 DynaMotion 表示的优势。

表 8-3 显示了平均分类准确率情况，以验证 DynaMotion 表示的有用性、与双流网络及 3D 卷积网络互补性。在表 8-3 中，JHMDB-GT 是我们使用真实木偶姿态标注来训练所提网络的情况，未使用 Mask R-CNN 来估计每一帧的姿态变化。JHMDB 的 2D 注释包括每个关节的 x，y 坐标（共 15 个），我们使用这些坐标合成类似于[19]关节热图的姿态进行训练。如表 8-3 所示，使用真实关节的 DynaMotion 表示（第一行）几乎提高了 9%的行为识别准确率。

表 8-3 DynaMotion+热图、DynaMotion+关节坐标和 C3D+热图的行为识别准确率

算法	JHMDB-GT	JHMDB	HMDB	UCF101
DynaMotion	69.7%	60.2%	49.1%	63.5%
C3D	56.4%	56.4%	51.5%	82.1%
C3D+DynaMotion	71.3%	69.4%	65.3%	93.4%
R(2+1)D	79.2%	79.2%	77.9%	95.1%
R(2+1)D+DynaMotion	86.2%	85.7%	82.6%	96.3%
I3D	87.0%	87.0%	82.1%	97.7%
I3D+DynaMotion	**89.2%**	**87.2%**	**84.2%**	**98.4%**

注：表中数据加粗表示其为最优算法。

表 8-3 中其余各行比较了视频级特征表示对现有多流网络以及 3D 卷积的影响（原始模型未使用姿态进行训练，因此它们对于 JHMDB 和 JHMDB-GT 的准确性相同）。为了进行比较，我们对每个数据集进行了 C3D、R(2+1)D 和 I3D 的微调，然后将它们的得分与我们模型的得分合并（合并是通过计算每个流和 DynaMotion 的平均得分来完成的）。根据表 8-3，增加 DynaMotion 以后 C3D 的行为识别准确率提高了大约 10%，R(2+1)D 提高了 7%。而使用较新的模型 I3D[7]，我们观察到每个数据集都有轻微的改善（高达 2%），因为 I3D 预训练于更丰富的 Kinetics[30]数据集。根据以上实验结果，我们得出结论：DynaMotion 为现有的 3D 卷积和双流网络带来了补充信息，并对训练数据较少的模型有更大的影响。

8.5.5 与前沿算法比较

在本节中，我们将所提模型与行为识别最新算法进行比较。表 8-4 给出了与三个数据集（JHMDB、HMDB 和 UCF101）所有分组的实验结果。在实验中，使用了我们的最优模型（带数据增强并与 I3D 结合）。我们的算法行为识别准确率超越了所有现有模型（与他们使用不同模态的最好结果进行比较），包括那些从姿态中受益的模型[10, 75]。在 HMDB 上，我们的算法行为识别准确率为 84.2%，与 SVMP+I3D[59]相比提高了近 3%。我们在 UCF101 上的平均准确率也略有提高。表中列出的一些算法是在不同数据集（Kinetics[7]，Sports-1M[56]）上进行预训练，使用不同的输入数据模态，因此比较可能不完全公平。总的来说，我们在 JHMDB、HMDB 和 UCF101 的行为识别中超越了所有最新算法。

表 8-4 与前沿算法比较

算法	JHMDB	HMDB	UCF101
CNN+hid6	—	—	79.3%
FV+IDT	—	—	84.8%
PoseFlow	—	51.74%	—
MiCT	—	63.8%	88.9%
P-CNN	—	72.2%	—
Chained 3D-CNN	76.1%	69.7%	91.1%
Attention Cluster	—	69.2%	94.6%
CoViAR+OF	—	70.2%	94.9%
TVNet	—	72.6%	95.4%
OFF	—	74.2%	96.0%
R(2+1)D	—	78.7%	97.3%
I3D	—	80.7%	98.0%
I3D+Potion	85.5%	80.9%	98.2%
SVMP+I3D	—	81.3%	—
DynaMotion+I3D	**87.3%**	**84.2%**	**98.4%**

注：表中数据加粗表示其为最优算法。

我们的模型也可用于行为检测任务（ActivityNet 挑战赛[66]，任务 B）。为此，我们使用从 Mask R-CNN 模型提取的边界框来定位主体，并使用 DynaMotion 特征表示处理裁剪后的图像帧。表 8-5 显示了我们在 AVA 数据集[17]上与最新算法的行为识别性能进行比较。所提算法在 AVA 验证集的平均精度均值（mAP）为 25.8%（IoU=0.5）。在这个实验中，我们使用了在行为分类中的最优模型结果（DynaMotion+I3D），并结合了来自 Mask R-CNN[19]的检测结果（作为人物检测边界框）。在实验中，我们使用时间范围为 $T=30$，即输入到 DynaMotion 网络的视频段为 30 帧。

表 8-5 AVA 数据集上单帧平均准确率（IoU=0.5）

模型	模态	mAP@IoU0.5
AVA baseline	RGB+Flow	18.4%
Girthar et al. +JFT	RGB	22.8%
RTPR	RGB+Flow	22.3%
YH Tech	RGB+Flow	22.2%
Jiang et al.	RGB+Flow	25.6%
Ours	RGB+Flow+Pose	**25.8%**

注：表中数据加粗表示其为最优模型。

总体而言，行为识别任务的平均准确率的提升展现了我们所给出的 DynaMotion 表示带来的显著影响。如表 8-3 所示，姿态和动态表示中增强了所有模型的行为分类能力，这表明除了 RGB 图像和光流之外，人体运动对行为识别也起到重要作用。如我们预期，当活动涉及更明显的人体运动时，如跳跃或坐下，我们的模型表现更好。对于人体运动差异微小的行为类别，我们的模型性能较弱，因此目标的外观信息和视频的上下文信息比姿态有更大的影响。

8.6 本章小结

在这项工作中，我们引入了动态运动表示（DynaMotion）来编码视频中的人体运动。使用这种新颖的视频表示模型，我们能够训练一个浅层网络来识别视频中的人类行为。我们通过实验表明所提的 DynaMotion 表示在 UCF101、HMDB、JHMDB 和 AVA 数据集上达到了最先进的行为识别性能。在后续的研究工作中，希望能够端到端地训练关节热图估计和 DynaMotion 网络，以研究不同身体关节在特定行为类别中的影响。

第 9 章　基于运动增强 RGB 流的人体行为识别

9.1 引　　言

卷积神经网络（CNN）[23][25][186]和大规模数据集[177][207]的出现促使行为识别研究[81][103][175]取得显著进展。为了将人体行为时序信息与 CNN 融合起来，研究者给出了 3 种主要方法。第 1 种方法是 Simonyan 和 Zisserman 给出的双流方法，一个信息流使用 RGB 图像帧建模行为外观信息，另一个信息流处理光流场数据以利用运动信息。第 2 种方法是 Tran[103]等给出的在 RGB 帧上使用 3D 卷积模型，在空间和时间上进行卷积操作。第 3 种方法是循环神经网络（如 LSTMs），用来以迭代方式跨图像帧聚合行为时空信息[98]。最新的一些行为识别算法[175][230][246]将双流方法与在每个流中使用的 3D 卷积方法相结合，并使用大规模数据集[177]进行训练。

总的来说，RGB 和运动光流与 3D CNN 相结合的方案获得了最佳行为识别准确率，但其缺点也非常明显。首先，双流方法需要从 RGB 帧中明确而准确地提取光流，这个工作计算量非常大。图 9-1 给出了在 MiniKinetics 数据集[230]上各种方法的行为识别准确率与计算时间耗费。从图中我们可以看出，Flow 和 RGB+Flow 比 RGB 明显慢得多。确实也有计算光流的高效方法[247]，但是当与 RGB 流结合时它们的效果不佳，如图 9-4（a）所示，在 Sevilla[248]等的研究中也有说明。其次，在计算神经网络的前向传播之前需要估算运动光流。综上所述，双流方法不仅需要大量的计算资源，而且在线上场景中识别行为时会导致很高的延迟。所以即使对架构进行了优化，也很难将它们应用到实际场景中去[230]。

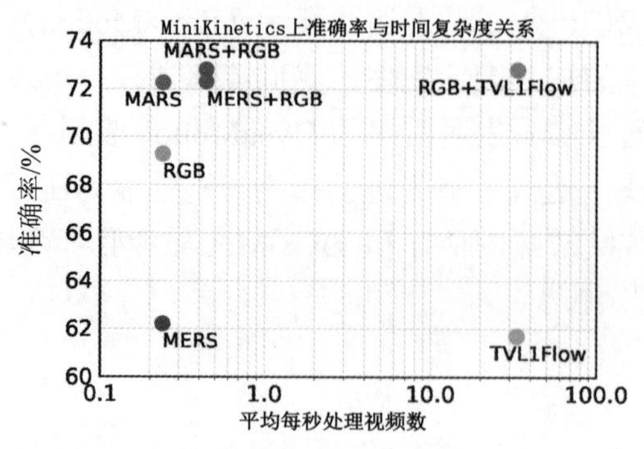

图 9-1　准确率与时间比较

在本章中，我们给出了基于知识蒸馏[249]和特权信息学习[250]的两种新型学习策略，以避免在测试阶段进行光流计算，但保持了双流方法的良好行为识别性能。首先，我们训练一个标准的 3D CNN，它以 RGB 作为输入，并从 Flow 光流中构建特征。具体而言，我们最小化神经网络最后全连接层之前的一层特征与运动流中同层特征之间的差值，如图 9-2 所示。我们设计的信息流在网络结构和输入方面与 RGB 流类似，但使用不同的损失函数进行训练。实验表明，通过使用这种方法，在测试推断期间可以从 RGB 帧中获取 Flow 光流特征，无需再显式计算光流。为了简化，我们将这个神经网络称为模拟运动的 RGB 流（Motion-Emulated RGB Stream，MERS）。MERS 通过准确模拟 Flow 光流，可以有效地将从光流获得的行为识别知识迁移给基于 3D 卷积的 RGB 输入流，这意味着在测试阶段不用计算光流。如图 9-1 所示，通过将标准 RGB 流与我们的信息流 MERS 结合在一起使用，行为识别准确率与传统双流方法（RGB+Flow）相当，但显著降低了计算成本（参见图 9-1 中 MERS 和 RGB+MERS vs. Flow 和 RGB+Flow）。

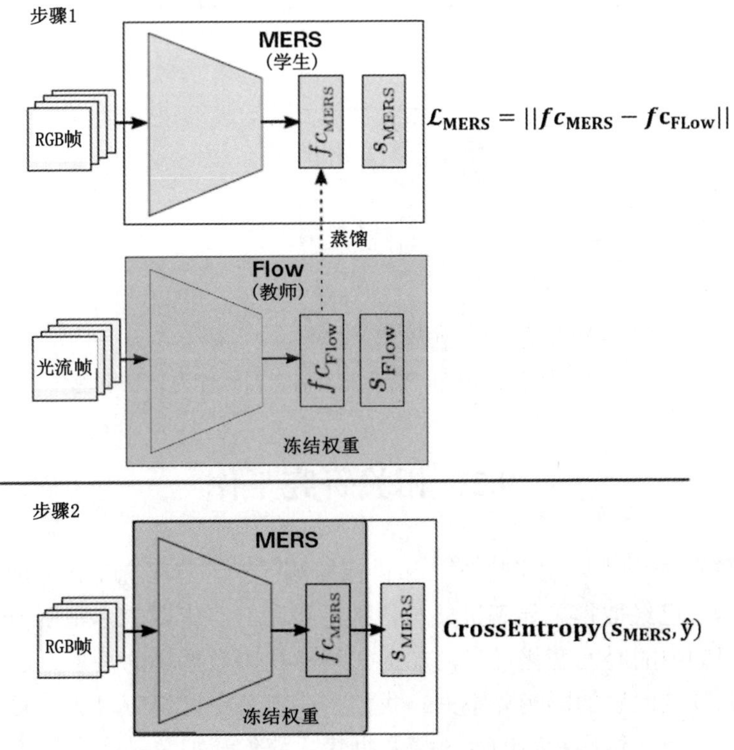

图 9-2　基于 Flow 光流信息训练行为识别模型

然后，我们将外观和运动信息有效整合到一个单一信息流中，以超越模拟流MERS特征。具体方法是通过训练一个RGB作为输入的标准3D CNN，最小化与Flow光流特征之间的差值，如MERS中所示，并进行行为识别（使用交叉熵损失，类似于标准RGB流），如图9-3所示。我们将这个神经网络称为运动增强的RGB流网络（Motion-Augmented RGB Stream，MARS）。实验证明，使用此方法训练的神经网络比单独的RGB和Flow光流表现更好，并且与双流组合（RGB+Flow）相比较，计算成本显著降低，如图9-1所示。这表明MARS有效地利用了外观和运动信息。具体来说，与RGB和Flow分别为72.0%和65.6%行为识别准确率相比，MARS在Kinetics上获得了72.7%的行为识别准确率。相应地，在HMDB51（分组split-1）上MARS获得了80.1%的识别准确率，而RGB和Flow光流的准确率才分别为73.5%和75.9%。

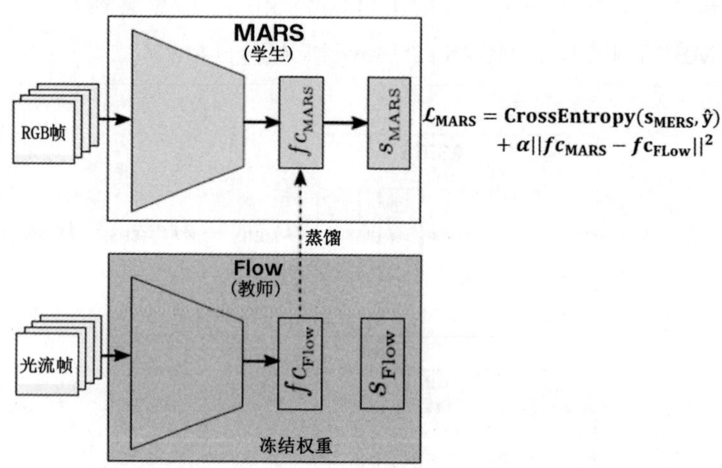

图9-3　基于RGB和Flow光流信息训练行为识别模型

9.2　相关研究工作

在图像分类[23][187]、分割[140][251]和目标检测[242][252]等研究工作方面，卷积神经网络（CNN）已经取得了显著进展，特别是自2012年以来。早期神经网络模型不能捕捉视频中的时间变化信息，加上大规模视频数据集的缺乏，这些神经网络模型对视频领域问题的影响并不大。我们将在本节中讨论应对这一问题的策略，例如双流神经网络结构和新的大规模数据集。我们还拟总结近期知识蒸馏方法的研究成果，以在两个网络之间进行知识迁移，这与我们给出的在RGB和Flow光流之间进行迁移的方法存在相关性。

Simonyan 和 Zisserman[81]给出了一种双流 2D 神经网络架构，其中一个处理 RGB 图像帧信息，另一个处理光流信息。这两个信息流经过训练后用来估计行为类别，最终分类结果通过对两个信息流的行为识别概率分数求平均得到。Feichtenhofer[123]等给出了改进这种双流网络的方法，采用不同的策略来融合这两个信息流。这种双流范式的早期改进工作集中在 2D CNN 结构上，但由于时空特征能够更好地通过 3D CNN[103]学习到，相关研究逐步向 3D CNN 结构过渡。但这种过渡存在以下问题：①需要优化的参数量过大导致计算成本过高[103][230][246]；②数据集过小导致行为识别过拟合。为了解决过拟合问题，Carreira 和 Zisserman[175]开发了 Kinetics 数据集[177]。该数据集的视频数据规模足够大，可以较好地训练 3D CNN[253]。使用在 Kinetics 上预训练的 RGB 和 Flow 光流，算法 I3D[175]在 HMDB51[109]和 UCF101[113]两个数据集上取得了行为识别最好的平均准确率。Xie[230]等与 Tran[246]等的方法采用独立的空间和时间卷积替代 3D 卷积，显著减少了需要学习的参数数量，从而在一定程度上缓解了计算成本问题。这些方法虽各有创新，但都必须使用人工提取的光流特征[122][161]，因而不能适用于实时或在线应用场景。这些双流相结合的方法表明，尽管使用了时空卷积模式，外观信息流仍未能充分获得来自运动流的信息。相比之下，我们的方法在测试阶段避免了流计算，同时保持了双流框架的最优行为识别性能。

CNN 也被用来直接从 RGB 帧中估计光流[254][255][256]，不依赖于人工提取光流方法，这些方法通常采用编码器—解码器结构。使用光流损失来引导 Flow 光流端到端训练，从 RGB 图像帧中学习光流，然后使用估计的光流识别行为。替代这种损失的方案是使用无监督损失在动作数据集上进行训练，但需要真实光流数据，而它并不存在[257]。Diba[174]等和 Ng[258]等以及其他方法使用了现有的光流方法（Diba[174]等使用方法[122]，Ng[258]等使用 EpicFlow[259]）作为伪真实光流。Fan 等将 TV-L1 光流[161]以可微分模块的形式集成到 CNN 中。他们不是从头开始学习光流模块，而是使用在光流基准上学习的模型进行初始化，并只训练网络进行行为识别，损失模型不依赖光流损失。如预期的那样，以这种方式学习的光流模块的输出不能对应准确的光流。与这些工作不同，我们给出在运动光流特征上计算损失，从而允许神经网络模仿或增强 Flow 光流。

近期研究尝试将外观和运动建模为单一信息流[260][261]，并设计模块以更好地利用时间信息，为获得一定识别性能的提升而构建了复杂的神经网络架构。我们的实验表明，基于特征的损失最小化策略可以有效地将时序信息集成到传统的 3D 卷积架构中去。

我们给出的学习方法与广义蒸馏概念[262]相关，它结合了知识蒸馏[249]和特权信息[250]。知识蒸馏源于从复杂模型向简单模型的知识迁移，使用复杂模型的分类概率作为较小模型的“软目标”[249]。在该思路启发下，在没有显式流计算的情况下，我们将知识从运动流迁移到仅有 RGB 输入的神经网络中。特权信息下的学习范式提供了一个在训练阶段才能获得额外信息的模型，而在测试时则无法获得[250]。我们将光流作为特权信息，RGB 图像帧信息一起使用，但在测试阶段只用 RGB 信息。

Garcia[263]等给出了一个用于行为识别的知识蒸馏框架，采用 4 个步骤从 RGB 帧中构建深度特征。他们通过逻辑以及匹配深度和 RGB 网络的特征图来蒸馏深度特征。类似地，Hoffmann[264]等通过将中层特征与标准对象检测损失结合起来，在对象检测器中构建深度信息。近期给出的图蒸馏方法[265]则动态地利用不同模态之间的信息。我们所提方法与这些工作有所不同，因为我们考虑了 RGB 和 Flow 光流输入的情况，并通过匹配高级特征（而不是匹配类概率或逻辑）从 Flow 光流到 RGB 流中蒸馏知识。

9.3 学习替代光流

行为识别最优算法利用了外观（RGB）和运动（Flow）流[175]。这些信息流采用标准的图像架构，用 3D 卷积替代 2D 卷积，以固定长度的视频片段作为神经网络输入。给定连续帧行为视频片段 $\hat{y}$，RGB 和 Flow 光流分别进行行为识别分类训练。s_{RGB} 表示 RGB 网络送入 softmax 之前计算的分数，s_{Flow} 表示 Flow 网络送入 softmax 之前计算的分数，y_{RGB} (y_{Flow})表示预测的行为类别。测试阶段通常使用对 s_{RGB} 和 s_{Flow} 取平均值来获得预测结果。

这里，我们着眼于在测试时避免光流计算的挑战，同时实现与双流网络类似的行为识别性能。为此，我们给出了基于特权信息学习的解决方案[250]，将视频段上的 Flow 光流看作具有行为识别所需的关键信息的教师网络。我们的目标是训练第二个网络（学生），使用 RGB 帧作为输入来进行行为分类，并在训练时仅提供来自教师的特权信息，即 Flow 光流。在接下来的部分，我们假设 Flow 光流已经针对行为识别进行了训练，并冻结其权重。我们详细给出两种学习策略：①使用 RGB 帧模仿光流特征（第 9.3.1 节）；②利用外观和运动信息（第 9.3.2 节）。

9.3.1 MERS 算法

第一个训练策略是从 RGB 输入中产生光流特征，称为模拟运动的 RGB 流

（MERS）。我们通过在特征层级使用损失函数来实现这一目标。CNN 的初始层代表低级局部特征，后面的层代表高级全局特征[26]，这些特征对于所关注的任务具有很高的区分度[266]。所以使用 MERS 最终全连接层之前一层的输出损失来模仿 Flow 光流特征。将这些来自 MERS 和 Flow 光流的特征分别表示为 fc_{MERS} 和 fc_{Flow}。图 9-2 给出了 MERS 的训练策略。MERS 具有与标准 RGB 流相似的结构和输入，拥有 3D 卷积，但其目标是减少这些特征之间的均方误差（MSE）损失：

$$L_{MERS} = \|fc_{MERS} - fc_{Flow}\|^2 \tag{9-1}$$

将这个损失应用在神经网络的倒数第二层会使得 MERS 的最后一层未得到训练。我们采用两步来完成训练过程，首先使用均方损失公式（9-1）训练 MERS 除最后一层外的所有层。该训练提供了一个模拟了 Flow 光流特征的信息流。如图 9-2 所示，为了进行行为识别，我们使用这些模拟特征和交叉熵损失函数训练（图 9-2 中的第二步）最后的全连接层——分类器。

总之，我们首先训练 Flow 光流，使用光流片段对行为进行分类，使用实际类别标签 $\hat{y}$ 和预测类别标签 y_{Flow} 之间的交叉熵损失。一旦 Flow 光流训练完成，我们就冻结其权重。然后使用 fc_{MERS} 和 fc_{Flow} 之间的均方误差损失通过第 n 层网络的前 $n-1$ 层进行反向传播训练 MERS，以便使用 RGB 图像帧模仿 Flow 光流。这些虚拟的光流特征最终通过使用真实类别 $\hat{y}$ 和预测的 s_{MERS} 类别之间的交叉熵损失训练 MERS 的第 n 层来实现行为分类。要注意的是，交叉熵损失仅通过 MERS 的最后一层进行反向传播。在测试阶段，MERS 与 Flow 光流独立，只使用 RGB 图像帧作为网络输入。

9.3.2 MARS 算法

第二个策略更进一步：训练一个神经网络，在测试时只利用 RGB 输入，并且不进行显式的光流估计，同时利用外观和运动信息。我们将其称为增强型运动 RGB 流（MARS）。MERS 使用均方误差损失将运动信息提炼到在 RGB 帧上运行的网络中。为了增强这种训练的外观信息，我们通过整个网络反向传播 MSE 和交叉熵损失的线性组合来训练网络。换句话说，我们使用以下损失函数来训练 MARS：

$$L_{MARS} = CrossEntropopy(s_{MARS}, \hat{y}) + \alpha\|fc_{MARS} - fc_{Flow}\|^2 \tag{9-2}$$

其中 α 是一个标量权重，调节运动特征的影响。α 的值较小时 MARS 类似于标准 RGB 流，较大时 MARS 更接近于模拟 Flow 光流的 MERS。我们在第 9.5.3 节中研究 α 的影响。这个组合损失可以保障模拟光流与实际光流特征之间的差值，促使交叉熵下降，提升分类准确率。该信息流基于 RGB 图像帧数据，所以这种特征差异仅来自外观信息。因此，MARS 有效地将从 Flow 光流中提炼的运动信息与对更好的行为分类所需的补充外观信息相结合。

总的来说，MARS 策略是先使用标准的交叉熵损失训练 Flow 光流，然后冻结其权重并训练 MARS，如图 9-3 所示。在使用 MARS 进行测试时，只使用 RGB 帧作为输入来计算类别分数，从而避免了光流计算。

9.4 实验设置

9.4.1 数据集与评价方法

我们聚焦行为识别领域的主流基准数据集：Kinetics400[177]、HMDB51[109]、UCF101[113]和 SomethingSomethingv1[207]。Kinetics400 包含 400 个类别，约 240000 个训练视频、20000 个验证视频和 40000 个测试视频。由于这个数据集很大，我们在 MiniKinetics 子集上完成了部分分析，该子集包含 200 个类别，80000 个训练视频和 5000 个验证视频[230]。HMDB51 包含 51 个动作类别，共 7000 个视频，有 3 种不同的训练/测试分组。UCF101 包含 101 个动作类别，共 13320 个视频，也有 3 种训练/测试分割。我们将数据集 HMDB51 和 UCF101 的第一个分组分别记为 HMDB51-1 和 UCF101-1。数据集 SomethingSomethingv1 包含 174 个行为类别，共 86017 个训练视频、11522 个验证视频和 10960 个测试视频。

对于所有数据集，我们报告 top-1 平均准确率作为评价方法。对于 Kinetics400 和 SomethingSomethingv1，因为测试服务器已不可用，我们报告验证集上的性能。

9.4.2 算法实现细节

我们在数据集 SomethingSomethingv1 中以 12fps 提取视频帧，帧高度为 100 像素[207]。其他数据集以 25fps 提取帧，并将调整大小，使最小维度为 256 像素。按照最近的方法[175][230]，我们使用 OpenCV 的默认参数设置基于算法 TV-L1[161]提取光流。我们将值截断在−20～20 之间，并映射到[0, 255]范围，然后使用 jpeg 格式压缩保存它们。参照 Hara[253]等的研究，大多数实验都使用 16 帧一个片段（16f-clip）以保持合理的训练时间。我们还使用了相同的数据增强方法基于 64 帧片段（64f-clip）进行试验。在训练阶段，我们从给定长度的随机片段中任意采样一个 112×112 的图像块，并随机使用水平翻转，其中也包括在光流输入的情况下恢复回 x 方向。对于 RGB 输入，我们减去 ActivityNet 的平均值；对于光流，我们减去 127.5，即假设光流居中于 0。在测试阶段，我们使用中心裁剪，并对所有非重叠片段的行为识别分数进行平均。当结合多个流时，我们对每个流的分数进行平均。

我们还评估了两种计算效率较高的光流方法 MPEGFlow[63]和 PWCNet[247]在 MiniKinetics 上的性能。MPEGFlow 对应于以 MPEG 视频压缩格式编码的运动矢量，几乎可以以零计算成本检索。我们使用 8×8 大小宏块从视频中提取 MPEGFlow，并调整这些流帧的大小，使较小的尺寸为 256 像素。PWC-Net 是最近一种基于 CNN 的方法，其运行速度比竞争对手快约四倍，同时保持合理的端点误差。对于 PWC-Net，输入帧尺寸被调整为 64 的倍数，并且像素值在[0, 1]之间归一化。对于这两种方法，我们遵循与 TV-L1 相同的缩放和数据增强过程。

我们选择使用 3D ResNeXt-101[267]神经网络架构，因为它在 Kinetics400、UCF101 和 HMDB51 上的性能表现良好[253]。参照 Hara[253]等的参数设置，我们使用 SGD 优化方法，将权重衰减为 0.0005，动量为 0.9，初始学习率为 0.1。仅在使用 64f-clip 训练光流时，初始学习率设置为 0.01。在训练 MARS 时，根据第 9.5.3 节中详细的实验结果取 $\alpha = 50$ 。我们从头开始训练 Kinetics400 和 MiniKinetics。对于其他数据集，我们从在 Kinetics400 上训练的模型进行微调；对于数据集 SomethingSomethingv1，所有层都微调；对于较小的 HMDB51 和 UCF101 数据集，只微调最后一个块和最后一个全连接层。

9.5 实验结果讨论

我们首先在第 9.5.1 节分析了双流方法中光流的影响。第 9.5.2 节比较了 MERS 和 MARS 训练策略的性能，结果显示 MARS 优于 RGB 和 Flow。接下来，我们在第 9.5.3 节中对损失函数中加权因子的影响进行了深度研究，并在第 9.5.4 节中探讨了运动的影响。最后，在第 9.5.5 节中与前沿算法进行了比较。

9.5.1 运动光流

我们首先评估了 3 种光流方法 TV-L1、PWC-Net 和 MPEGFlow 在 MiniKinetics 上的性能。图 9-4（a）给出了 MiniKinetics 验证集上的准确率与每个视频平均时间之间的关系（每个视频平均包含 250 帧）。所有报告的时间均不包括数据访问时间，并在同一台 NVIDIA TitanX GPU 服务器上完成计算。从图 9-4（a）中可以观察到，TV-L1 Flow 光流取得了最佳行为识别准确率。尽管其计算成本极高，每个视频超过 30 秒，几乎占据了识别行为总时间的 99%。正如图 9-4（a）所示，

MPEGFlow 计算速度远远快于其他方法，每个视频不到一秒，但其行为识别性能显著低于 TV-L1 和其他所有光流方法。PWC-Net 比 TV-L1 快约三倍，但其性能比 TV-L1 低 5%。这些实验结果激发了我们的强烈愿望：利用准确的光流方法（如 TV-L1）模拟 Flow 光流，而在测试阶段避免估计光流。为了完整起见，我们给出了这三种光流方法使用 RGB 双流网络时的行为识别准确率，并观察到除 RGB+MPEGFlow 外其他方法的行为识别准确率都有所提升，如图 9-4（a）所示。MPEGFlow 的质量较差，因此其准确率比 RGB 低 40%，这导致了 RGB+MPEGFlow 的性能下降。

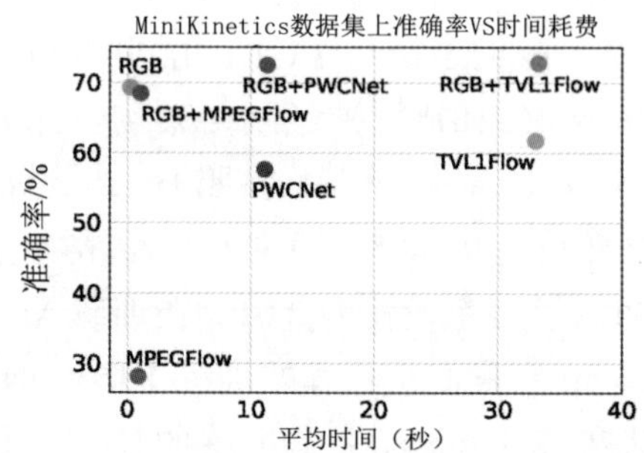

（a）16 帧片段条件下不同光流方法在 MiniKinetics 上的行为识别准确率与时间耗费，其中时间是 MiniKinetics 验证集所有视频的平均时间

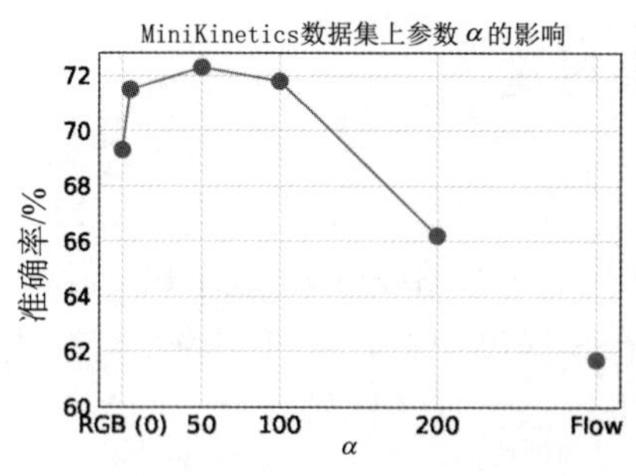

（b）16 帧片段条件在 MiniKinetics 上 α 取不同值时 MARS 算法行为识别准确率

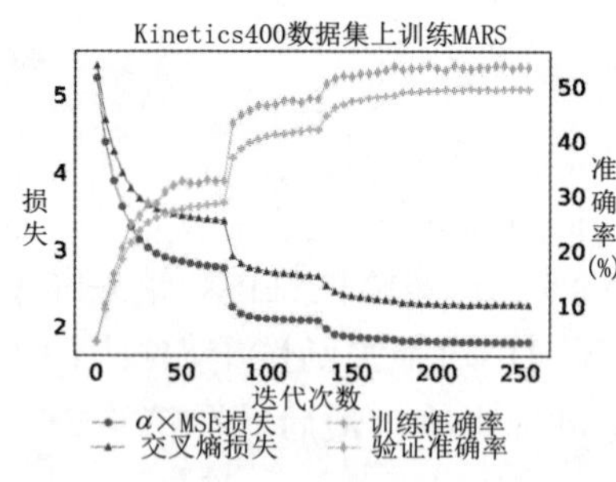

（c）在 Kinetics400 上从头开始训练 MARS（α=50）时损失和准确率变化

图 9-4 参数变化对行为识别准确率的影响

表 9-1 和表 9-2 给出了在 16 和 64 帧片段中使用 TV-L1 光流[161]在双流框架中的影响（在 MiniKinetics 和 Kinetics400 数据集上所有信息流都是从头开始训练的，在 UCF101-1、HMDB51-1 和 SomethingSomethingv1 数据集上，所有信息流均在 Kinetics400 预训练模型上进行了微调，使用 TV-L1 算法计算光流）。每个表中的前两行对应于 RGB 或 Flow 光流单独使用。与这些相比，RGB+Flow 双流变体表

现出显著的性能改善。例如，在 64 帧片段情况下，在 Kinetics400、UCF101-1、HMDB51-1 和 SomethingSomethingv1 数据集上的行为识别准确率分别提高了 2.5%、2.3%、6.3%和 5.1%。

表 9-1　16 帧片段条件下行为识别准确率

信息流	MiniKinetics	Kinetics400	UCF101-1	HMDB51-1	Something Somethingv1
RGB	69.3	68.2	91.7	66.7	30.2
Flow	61.7	54.0	92.5	71.4	34.5
RGB+Flow	72.7	69.1	95.6	74.0	38.8
MERS	62.2	54.3	93.4	71.8	35.5
MERS+RGB	72.3	68.3	95.6	72.9	38.4
MERS+Flow	63.3	55.0	93.4	72.4	36.4
MERS+RGB +Flow	72.2	67.0	95.5	74.5	39.4
MARS	72.3	65.2	94.6	72.3	39.6
MARS +RGB	72.8	69.6	95.6	73.1	37.6
MARS +Flow	71.3	62.8	94.9	74.5	39.2
MARS +RGB +Flow	73.5	68.9	95.8	75.0	40.4

表 9-2　64 帧片段条件下行为识别准确率

信息流	MiniKinetics	Kinetics400	UCF101-1	Something Somethingv1
RGB	72.0	95.2	73.5	46.6
Flow	65.6	95.8	75.9	43.0
RGB+Flow	74.5	97.5	79.8	51.7
MARS	72.7	97.1	80.1	48.7
MARS +RGB	74.8	97.3	80.6	51.7
MARS +Flow	72.3	97.5	80.9	50.4
MARS +RGB +Flow	74.9	97.8	81.3	53.0

9.5.2　行为识别准确率

现在评估训练策略 MERS，其目标是在 RGB 输入中模拟 Flow 光流，以避免在测试时进行光流计算。从表 9-1 的结果中，我们观察到 MERS 和 Flow 之间的行为识别准确率差异在所有数据集上都小于 1%。这表明 MERS 是 Flow 光流的绝佳替代者。这一观察结果得到了进一步支持，因为 MERS+RGB 和 RGB+Flow 之间的差异非常小。此外，将 Flow 与 MERS 结合使用几乎不会改善性能。总之，MERS 为 Flow 光流提供了有效的替代方案。

表 9-1 还说明了我们的训练策略——结合特征损失和交叉熵损失（MARS）的性能。表中实验结果在参数设置$\alpha = 50$条件下获得。我们观察到，在 MiniKinetics、UCF101、HMDB51 和 SomethingSomethingv1 数据集上，MARS 的性能明显优于单独的 RGB 和 Flow 光流（差距在 1%～9%之间），这表明 MARS 有效地学习、利用了外观和运动信息。然而，在 Kinetics400 上，MARS 的性能低于 RGB 流。这是由于其许多视频在短时间内大部分是静态的，在该数据集上使用 Flow 光流性能较差，与 RGB 相比差距为 14%。Li[268]等也发现 Kinetics400 偏向于静态信息。当使用更长的 64 帧片段时，见表 9-2，在 RGB 和 Flow 光流之间的差异显著降低（6.4%），并且 MARS 的性能优于 RGB 和 Flow 光流。在其他所有数据集上，MARS 的准确率也显著高于 RGB 和 Flow 光流，特别是在运动至关重要的数据集中，例如 SomethingSomethingv1 或 HMDB51。在某些情况下，例如，在 HMDB51 上使用 64 帧片段时，仅使用 MARS 的性能优于双流 RGB+Flow 模型。MARS+Flow 和 MARS 的性能相似，表明 MARS 成功地利用了运动信息，即添加 Flow 不会进一步提高性能。

为了进一步了解 MARS 何时优于 RGB，我们比较了 RGB、Flow 和 MARS 在图 9-5 中具有最高和最低差异的 3 个类别的性能（在每种情况下，用括号中的数字表示）。一方面，MARS 对 Flow 表现良好的类别影响最大。另一方面，当 Flow 导致性能较低时，MARS 与 RGB 相比性能也相当差，但仍优于 Flow。这再次表明，MARS 利用了外观和运动数据的信息。

9.5.3 α 对识别准确率的影响

MARS 通过平衡两个损失来进行训练：①logits 和实际目标之间的交叉熵损失；②MARS 和 Flow 的平均池化特征之间的均方误差损失，见式（9.2）。我们在图 9-4(b)中给出了在 16f-clip 上使用$\alpha = \{5, 50, 100, 200\}$时，MARS 在 MiniKinetics 上的行为识别准确率。我们还报告了 RGB（即$\alpha = 0$）和 Flow 的准确率。我们注意到，通过增加α的值，达到了一个峰值准确率（$\alpha = 50$），其中交叉熵损失和$\alpha \times$MSE 损失的值大致相同，见图 9-4（c）。这表明 MARS 不仅在 RGB 和 Flow 之间实现了权衡，而且有效地利用了运动和外观信息。α的值越高，MSE 对交叉熵损失的影响就越大。因此使得 MARS 倾向于 Flow 光流的准确率，这本质上就是 MERS。

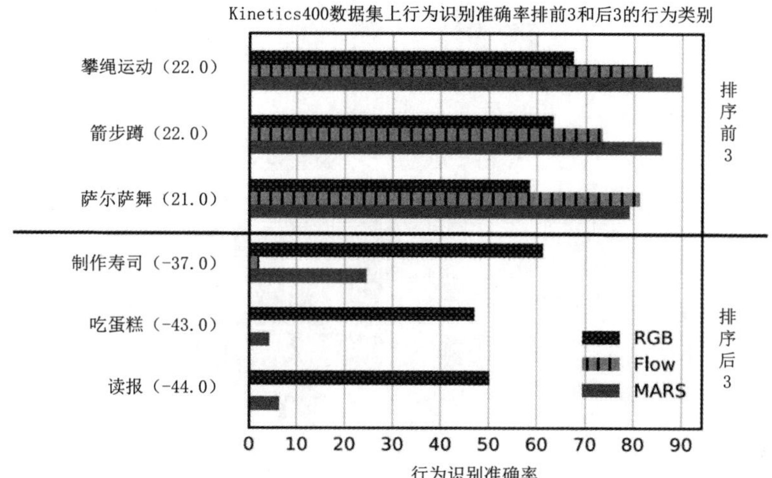

图 9-5 Kinetics400 数据集上 MARS 与 RGB 和 Flow 按类行为识别准确率比较

我们还尝试在较早的层或 logits 上应用基于特征的损失。实验结果表明，将此损失应用于较早的层会导致准确率下降，因为从 RGB 输入中模拟较低级别的光流特征更加困难。当将基于特征的损失应用于 logits 时，在 MiniKinetics 上获得了与将损失应用于高级特征时相似的性能。然而，使用 Kinetics400 预训练的模型在其他数据集上的泛化能力不够好。

9.5.4 运动对识别准确率的影响

为了进一步了解与 RGB 和 Flow 光流相比，MARS 和 MERS 学习到的特征的差异，我们分析它们在没有运动的情况下的表现。我们用“静态”片段替换 MiniKinetics 的实际测试片段，“静态”片段是通过复制每个片段的中间帧来创建的，从而去除了运动信息。在图 9-6 顶部报告的行为识别准确率是通过对这些非重叠的连续“静态”片段的行为分类概率分数求平均值计算得到的，每个片段包含 16 帧。

图 9-6 还给出了每个信息流的类激活图[269]。类激活图有助于可视化每个动作类别特定的区域。我们将网络与“静态”的 16f-clip 一起使用，并观察到 RGB 在静态片段中的准确率略有下降，说明类激活具有相关性。这表明 RGB 主要关注外观，尽管使用了 3D 卷积。由于缺乏运动信息，MARS 的准确率下降较大，但可以正确地定位相关区域。这表明 MARS 同时捕获外观和运动。MERS 和 Flow 在静态片段上的表现接近随机（分类准确率分别为 0.5%和 5.1%）。这在缺乏运动的情况下是可以预期的，并说明它们的行为类似。

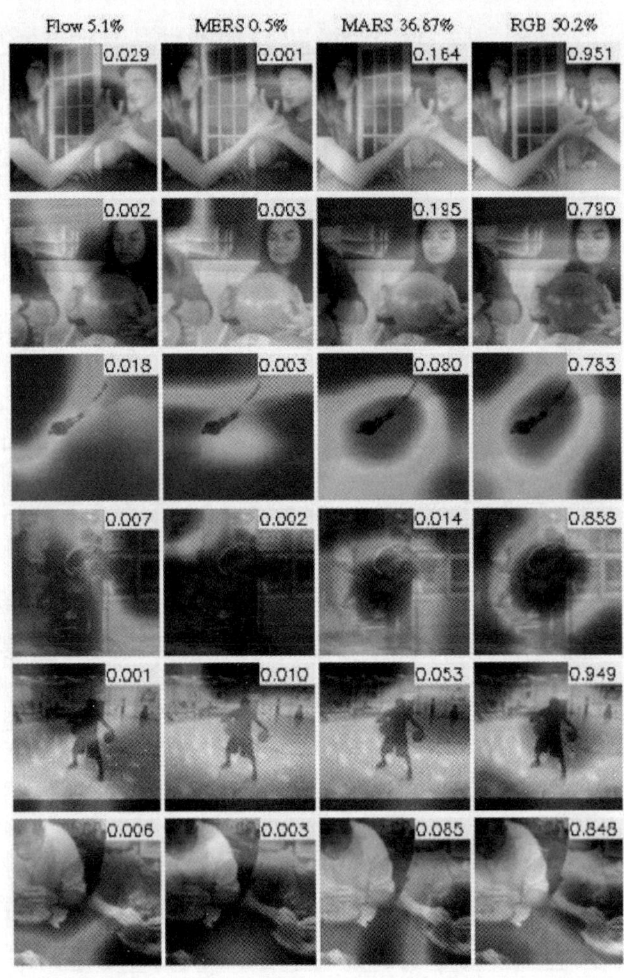

图 9-6 16 帧片段条件下 MiniKinetics 上 Flow、MERS、MARS 和 RGB 的类激活图（顶端数字表示在验证集上行为分类准确率，每张图上的数字表示 softmax 激活分数）

9.5.5 与前沿算法比较

我们将 MARS 的行为识别性能与目前最优方法分别在 Kinetics400 数据集（表 9-3）和 UCF101、HMDB51 和 SomethingSomethingv1 数据集（表 9-4）上进行比较。在这两个表中，我们首先将其与仅在测试时使用 RGB 作为输入而没有明确流计算的方法进行比较，然后与使用 RGB 和 Flow 的方法进行比较。对于数据集 Kinetics400，当仅使用 RGB 帧作为输入时，MARS+RGB 的性能优于所有方法，除 NL-I3D[270]外。值得注意的是，NL-I3D 是在 ImageNet 上预训练的，使用大小为 128×224×224 片段，即比我们用于从头开始训练 MARS 的片段大小长 2 倍，高 4 倍的分辨率。这种方法基于一种新颖的非局部模块来捕获长距离依赖性，可以进一步集成到我们的网络架构中。

表 9-3 Kinetics400 数据集上与前沿算法比较

算法	信息流	预训练	准确率
I3D[2]	RGB	ImageNet	71.1
ResNext101[11]	RGB	None	65.1
R(2+1)D[38]	RGB	Sport-1M	74.3
S3D-G[44]	RGB	ImageNet	74.7
NL-I3D[42]	RGB	ImageNet	**77.7**
MARS	RGB	none	72.7
MARS+RGB	RGB	None	74.8
I3D[2]	RGB+Flow	ImageNet	74.2
R(2+1)D[38]	RGB+Flow	Sport-1M	75.4
S3D-G[44]	RGB+Flow	ImageNet	77.2
MARS+RGB+Flow	RGB+Flow	none	74.9

注：表中数据加粗表示其为最优算法。

表 9-4 UCF101、HMDB51 和 SomethingSomethingv1 数据集上与前沿算法比较

算法	信息流	预训练	UCF101	HMDB51	Something Somethingv1
TRN[47]	RGB	none	—	—	34.4
MFNet[21]	RGB	none	—	—	43.9
C3D[37]	RGB	Sport-1M	90.4	—	—
I3D[2]	RGB	ImNet+Kin	95.6	74.8	—
ResNext101[11]	RGB	Kinetics	94.5	70.1	—
S3D-G[44]	RGB	ImNet+Kin	96.8	75.9	48.2
R(2+1)D[38]	RGB	Kinetics	96.8	74.5	—
MARS	RGB	Kinetics	97.4	79.3	48.7
MARS+RGB	RGB	Kinetics	**97.6**	**79.5**	**51.7**
2-stream[32]	RGB+Flow	ImageNet	88.0	59.4	—
TSN[41]	RGB+Flow	ImageNet	94.2	69.4	—

续表

算法	信息流	预训练	UCF101	HMDB51	Something Somethingv1
TRN[47]	RGB+Flow	none	—	—	42.0
I3D[2]	RGB+Flow	ImNet+Kin	98.0	80.7	—
R(2+1)D[38]	RGB+Flow	Kinetics	97.3	78.7	—
OFF[35]	RGB+Flow	none	96.0	74.2	—
MARS+RGB+Flow	RGB+Flow	Kinetics	**98.1**	**80.9**	**53.0**

注：表中数据加粗表示其为最优算法。

如表 9-4 所示，MARS+RGB 的性能优于所有仅使用 RGB 作为输入的方法。特别是在对运动重要的数据集，如 HMDB51 和 SomethingSomethingv1 中，差距相当显著，分别提高了 3.6%和 3.5%。这表明我们模拟光流特征并进行行为识别的方法很好地泛化到了其他数据集。接下来，我们将 MARS+RGB+Flow 的准确率与使用 RGB 和 Flow 作为输入的最先进方法进行比较。在 Kinetics400 数据集上，添加 Flow 到 MARS+RGB 只有轻微的影响（增加 0.1），因为在该数据集上运动相对不那么重要。相比之下，在 HMDB51 和 SomethingSomethingv1 数据集上增益较大，约为 1%。

9.6 本章小结

本章介绍了 MARS 算法，这是一种仅基于 RGB 图像帧数据流的学习策略，但可以利用其中的外观和运动信息。MARS 算法学习过程是通过最小化训练网络特征与 Flow 光流之间的损失以及行为识别交叉熵损失来实现的。详细的实验验证结果表明，单流 MARS 框架在流行的基准数据集上，如 Kinetics400、UCF101、HMDB51 和 SomethingSomethingv1，优于 RGB 和 Flow 光流。

第 10 章　人体行为识别的进一步研究

10.1　已取得的研究成果

行为识别涉及计算机视觉、图像处理、模式识别、机器学习等学科领域，是一个多学科交叉研究课题。行为识别技术可以满足网络视频检索与分析、智能视频监控分析、智能视频监护等应用领域对自动分析以及智能化需求，推动社会发展进步。行为识别广阔的应用前景引起了学术界的广泛关注，国内外一大批研究机构和学者围绕行为识别相关课题展开研究。国内外计算机视觉、模式识别、机器学习等领域重要的学术期刊和学术会议也对行为识别研究课题深为关注，大量收录与该课题相关的优秀学术论文。国内外各研究机构对行为识别的广泛关注、开展研究，以及重要学术期刊会议对该领域学术论文的积极收录，均反映了行为识别的重要学术研究价值。为此，本书在相关基金项目支持下，围绕人体行为特征表达问题，展开行为识别相关算法研究。主要研究内容有以下几个方面：

（1）基于动作分解的行为识别：现有基于深度特征的行为识别算法中视频帧等量采样和顺序采样两种方法忽视了人体行为中多个动作（或者状态）持续时间变化的差异性，不能鲁棒表征动作时间的尺度变化。针对这一问题，本书深入分析了动作与视频帧相似性之间的关系，给出了基于动作分解的视频帧采样算法。具体研究内容包括：研究基于图像帧相似搜索的动作分解方法，给出了基于动作分解的 LSTM 神经网络时序特征学习框架，比较了视频子段中不同代表帧采样位置对行为识别性能的影响。

（2）基于运动显著性的行为识别：目前基于深度特征的图像缩放采样、图像中心采样和中心四角采样等方法，没有围绕人体视频帧行为区域来裁剪图像块。针对这一问题，本书改进了运动显著性（motion saliency）检测算法，并将其应用于图像块采样，给出基于运动显著性的行为识别算法。该算法能根据行为显著运动区域来构建卷积网络所需的图像块，有效捕捉人体行为变化区域，提取到辨识力极好的人体行为特征。具体内容包括：研究行为视频中运动显著性检测算法，研究基于运动显著区域的图像块采样策略。

（3）基于多模态特征的行为识别：目前基于原始 RGB 图像、灰度图像、梯度、RGB 差分图、光流、校正光流等模态数据的深度行为特征研究比较零散，这些特征之间的互补性也还未得到充分研究，基于运动边界和梯度边界两种模态数据的深度行为特征，以及与其他模态数据的深度特征结合应用有待进一步研究。针对这些问题，本书将近年来新给出的运动边界和梯度边界两种模态数据引入深度特征提取过程中，并对所有模态特征进行了行为识别性能比较。

（4）基于实时全局运动补偿的行为识别：为了实时获取人体行为特征，Zhang 等在双流 CNN 算法基础上借鉴 Kantorov 和 Laptev 算法思路，采用视频压缩域的运动矢量（motion vector）数据替代光流数据给出了 EMV-CNN 算法。该算法的不足之处在于没有区分运动矢量中的全局运动信息和人体行为信息。针对这一问题，本书根据全局运动矢量的对称性和差分性理论，给出了基于视频压缩域运动矢量的全局运动估计与补偿方法。

（5）基于局部最大池化特征时空向量的行为识别：为了有效解决视频理解中的一个重要问题——如何构建一个视频表示(其中包含整个视频上的 CNN 特征)，我们提出了时空局部最大池化特征向量（ST-VLMPF）的超向量编码方法，用于人体行为的局部深度特征编码。特征分配在两个级别上进行，通过使用相似性和时空信息。对于每个分配，我们构建了一个特定的编码，专注于深度特征的性质，旨在捕获网络最高神经元激活的最高特征响应。ST-VLMPF 明显比一些广泛使用和强大的编码方法（如改进的 Fisher 向量和局部聚合描述符向量）拥有更可靠的视频表示，同时保持了较低的计算复杂度。

（6）基于姿态运动表示的行为识别：不少行为识别方法依赖于 two-stream 结构，从而独立处理外观和运动信息。我们这两个模态信息流融合起来为行为识别提供丰富的信息。该方法引入新方法以编码一些语义关键点的运动。我们使用人体关节作为这些关键点，并将姿态运动表示称为 PoTion。具体来说，我们首先基于目前效果最好的人体姿态估计器在每一帧中提取人体关节的热图，再通过时间聚合这些概率图来获得 PoTion 表示。具体计算方法是通过视频段中帧的相对时间“着色”每个概率图并对它们进行求和。这种针对整个视频剪辑的固定大小表示适合使用浅卷积神经网络对行为进行分类。

（7）基于动态运动表示的行为识别：在许多最近的研究工作中，研究人员使用外观和运动信息作为独立的输入来推断视频中正在发生的行为。我们提出了人体行为的最新表示方法，同时从外观和运动信息中获益，以实现更好的动作识别性能。我们从姿势估计器开始，从每一帧中提取身体关节的位置和热图，使用动态编码器从这些身体关节热图生成固定大小的表示。实验结果表明，使用动态运动表示训练卷积神经网络优于目前最好的行为识别模型。

（8）基于运动增强 RGB 流的人体行为识别：虽然将光流与 RGB 信息结合可以提高行为识别性能，但准确计算光流的时间成本很高，增加了行为识别的延迟。这限制了在需要低延迟的实际应用中使用 two-stream 方法。我们给出了两种学习方法来训练一个标准的 3D CNN，它在 RGB 帧上运行，模拟了运动流，因此避免了在测试阶段进行光流计算。首先，将基于特征的损失最小化并与 Flow 光流进行比较，所提深度神经网络以高保真度再现了运动流信息。其次，为了有效利用外观和运动信息，我们通过特征损失和标准的交叉熵损失的线性组合进行训练，用于行为识别。

10.2 人体行为识别待研究的问题

本书的研究内容还非常有限，有待进一步完善。根据目前的研究进展，下一步计划在以下几个方面开展工作：

（1）行为深度时序特征比较。近几年研究者提出了不少有价值的深度时序特征。但这些深度时序特征还缺乏比较研究，LSTM 神经网络层数对行为识别的影响亦无文献研究。因此下一步工作拟深入研究深度时序特征算法，并对它们进行对比分析。

（2）基于深度图的动作理解。对于行为识别算法，近几年的一个研究热点是基于 RGB-D 深度信息的识别方法。目前基于 Kinect 的简单游戏已经得到了实际应用。如何更加充分地利用深度信息，将行为识别应用到更加复杂的场景中去，值得予以关注、研究。

（3）行为识别的应用。行为识别的研究可以推广到更加广阔及实用的任务中，例如智能监控、智能社区、医疗监护等。如何将现有成果转化为这些应用领域的实际产品也是下一步值得重点关注的课题。

参 考 文 献

[1] 徐光祐，曹媛媛．动作识别与行为理解综述[J]．中国图象图形学报，2009，14（02）：189-195．

[2] Mark R Robertson. 500 Hours of video uploaded to youtube every minute[EB/OL]. 2015. http://tubularinsights.com/hours-minute-uploaded-youtube/

[3] 36大数据. 大数据在智慧城市中的应用[EB/OL]. 2016. http://www.36dsj.com/archives/44447/

[4] 国家统计局．中华人民共和国2015年国民经济和社会发展统计公报[EB/OL]. 2016. http://www.stats.gov.cn/tjsj/zxfb/201502/t20150226_685799.html

[5] 彭小江．基于视频的人体行为分析算法研究[D]．西南交通大学，2014．

[6] 陈渊博．视频序列中的人体动作识别[D]．北京邮电大学，2015．

[7] 赵琼．基于视频和三维动作捕捉数据的人体动作识别方法的研究[D]．中国科学技术大学，2013．

[8] 李阳．局部时空特征及部件的视频人体动作识别方法研究[D]．重庆大学，2015．

[9] 李瑞峰，王亮亮，王珂．人体动作行为识别研究综述[J]．模式识别与人工智能，2014，27（01）：35-48．

[10] Aggarwal J K, Ryoo M S. Human activity analysis: a review[J]. ACM Computing Surveys (CSUR), 2011, 43(3): 16.

[11] Moeslund T B, Hilton A, Krüger V. A survey of advances in vision-based human motion capture and analysis[J]. Computer Vision and Image Understanding (CVIU), 2006, 104(2): 90-126.

[12] 于成龙. 基于视频的人体行为识别关键技术研究[D]. 哈尔滨工业大学，2014.

[13] 朱煜，赵江坤，王逸宁，等．基于深度学习的人体行为识别算法综述[J]．自动化学报，2016，42（06）：848-857．

[14] Weinland D, Ronfard R, Boyer E. A survey of vision-based methods for action representation, segmentation and recognition[J]. Computer Vision and Image Understanding (CVIU), 2011, 115(2): 224-241.

[15] Oquab M, Bottou L, Laptev I, et al. Learning and transferring mid-level image

representations using convolutional neural networks[C]//Proceedings of the IEEE Conference on Computer Vision and Pattern Recognition (CVPR). 2014: 1717-1724.

[16] Peng X, Wang L, Wang X, et al. Bag of visual words and fusion methods for action recognition: comprehensive study and good practice[J]. Computer Vision and Image Understanding (CVIU), 2016, 150: 109-125.

[17] Aggarwal J K, Xia L. Human activity recognition from 3d data: a review[J]. Pattern Recognition Letters, 2014, 48: 70-80.

[18] Wang L, Qiao Y, Tang X. Action recognition with trajectory-pooled deep-convolutional descriptors[C]//Proceedings of the IEEE Conference on Computer Vision and Pattern Recognition (CVPR). 2015: 4305-4314.

[19] 黄仕建．视频序列中人体行为的低秩表达与识别方法研究[D]．重庆大学，2015．

[20] Hinton G E, Salakhutdinov R R. Reducing the dimensionality of data with neural networks[J]. Science, 2006, 313(5786): 504-507.

[21] LeCun Y, Bengio Y, Hinton G. Deep learning[J]. Nature, 2015, 521(7553): 436-444.

[22] Silver D, Huang A, Maddison C J, et al. Mastering the game of GO with deep neural networks and tree search[J]. Nature, 2016, 529(7587): 484-489.

[23] Krizhevsky A, Sutskever I, Hinton G E. Imagenet classification with deep convolutional neural networks[C]//Proceedings of the Conference and Workshop on Neural Information Processing Systems (NIPS). 2012: 1097-1105.

[24] Simonyan K, Zisserman A. Very deep convolutional networks for large-scale image recognition[J]. arXiv preprint arXiv:1409.1556, 2014.

[25] Szegedy C, Liu W, Jia Y, et al. Going deeper with convolutions[C]//Proceedings of the IEEE Conference on Computer Vision and Pattern Recognition (CVPR). 2015: 1-9.

[26] Zeiler M D, Fergus R. Visualizing and understanding convolutional networks[C]// Proceedings of the European Conference on Computer Vision (ECCV). 2014: 818-833.

[27] Redmon J, Divvala S, Girshick R, et al. You only look once: Unified, real-time object detection[C]//Proceedings of the IEEE Conference on Computer Vision and Pattern Recognition (CVPR). 2016: 779-788.

[28] Girshick R, Donahue J, Darrell T, et al. Region-based convolutional networks for accurate object detection and segmentation[J]. IEEE Transactions on Pattern Analysis and Machine Intelligence (TPAMI), 2016, 38(1): 142-158.

[29] Bobick A F, Davis J W. The recognition of human movement using temporal templates[J]. IEEE Transactions on Pattern Analysis and Machine Intelligence (TPAMI), 2001, 23(3): 257-267.

[30] Efros A A, Berg A C, Mori G, et al. Recognizing action at a distance[C]//Proceedings of the IEEE International Conference on Computer Vision (ICCV). 2003, 3:726-733.

[31] Ahad M A R, Ogata T, Tan J K, et al. Motion recognition approach to solve overwriting in complex actions[C]//Proceedings of the IEEE International Conference on Automatic Face&Gesture Recognition (FG). 2008: 1-6.

[32] Blank M, Gorelick L, Shechtman E, et al. Actions as space-time shapes[C]//Proceedings of the IEEE International Conference on Computer Vision (ICCV). 2005, 2: 1395-1402.

[33] Yilmaz A, Shah M. Actions sketch: A novel action representation[C]//Proceedings of the IEEE Conference on Computer Vision and Pattern Recognition (CVPR). 2005, 1: 984-989.

[34] Schindler K, Van Gool L. Action snippets: How many frames does human action recognition require?[C]//Proceedings of the IEEE Conference on Computer Vision and Pattern Recognition (CVPR). 2008: 1-8.

[35] Zhang Z, Hu Y, Chan S, et al. Motion context: A new representation for human action recognition[C]//Proceedings of the European Conference on Computer Vision (ECCV). 2008: 817-829.

[36] Ali S, Shah M. Human action recognition in videos using kinematic features and multiple instance learning[J]. IEEE Transactions on Pattern Analysis and Machine Intelligence (TPAMI), 2010, 32(2): 288-303.

[37] Derpanis K G, Sizintsev M, Cannons K, et al. Efficient action spotting based on a spacetime oriented structure representation[C]//Proceedings of the IEEE Conference on Computer Vision and Pattern Recognition (CVPR). 2010: 1990-1997.

[38] Jolliffe I. Principal component analysis[M]. John Wiley & Sons, Ltd, 2002.

[39] Sadanand S, Corso J J. Action bank: A high-level representation of activity in

video[C]//Proceedings of the IEEE Conference on Computer Vision and Pattern Recognition (CVPR). 2012: 1234-1241.

[40] Jiang Z, Lin Z, Davis L. Recognizing human actions by learning and matching shape-motion prototype trees[J]. IEEE Transactions on Pattern Analysis and Machine Intelligence (TPAMI), 2012, 34(3): 533-547.

[41] Oikonomopoulos A, Patras I, Pantic M. Spatiotemporal salient points for visual recognition of human actions[J]. IEEE Transactions on Systems, Man, and Cybernetics, Part B (Cybernetics), 2005, 36(3): 710-719.

[42] Laptev I. On space-time interest points[J]. International Journal of Computer Vision (IJCV), 2005, 64(2-3): 107-123.

[43] Dollár P, Rabaud V, Cottrell G, et al. Behavior recognition via sparse spatio-temporal features[C]// Proceedings of the IEEE International Workshop on Visual Surveillance and Performance Evaluation of Tracking and Surveillance (VS-PETS). 2005: 65-72.

[44] Willems G, Tuytelaars T, Van Gool L. An efficient dense and scale-invariant spatio-temporal interest point detector[C]//Proceedings of the European Conference on Computer Vision (ECCV). 2008: 650-663.

[45] Bregonzio M, Gong S, Xiang T. Recognising action as clouds of space-time interest points[C]// Proceedings of the IEEE Conference on Computer Vision and Pattern Recognition (CVPR). 2009: 1948-1955.

[46] Chen M, Hauptmann A. Mosift: Recognizing human actions in surveillance videos[R]. 2009:929.

[47] Wang H, Ullah M M, Klaser A, et al. Evaluation of local spatio-temporal features for action recognition[C]//Proceedings of the British Machine Vision Conference (BMVC). 2009: 124.1-124.11.

[48] Yu T H, Kim T K, Cipolla R. Real-time action recognition by spatiotemporal semantic and structural forests[C]//Proceedings of the British Machine Vision Conference (BMVC). 2010, 2(5): 6.

[49] Rosten E, Drummond T. Machine learning for high-speed corner detection[C]// Proceedings of the European Conference on Computer Vision (ECCV). 2006: 430-443.

[50] Wang H, Kläser A, Schmid C, et al. Action recognition by dense trajectories[C]// Proceedings of the IEEE Conference on Computer Vision and Pattern

Recognition (CVPR). 2011: 3169-3176.

[51] Wang H, Kläser A, Schmid C, et al. Dense trajectories and motion boundary descriptors for action recognition[J]. International Journal of Computer Vision (IJCV), 2013, 103(1): 60-79.

[52] Wang H, Schmid C. Action recognition with improved trajectories[C]// Proceedings of the IEEE International Conference on Computer Vision (ICCV). 2013: 3551-3558.

[53] Wang H, Oneata D, Verbeek J, et al. A robust and efficient video representation for action recognition[J]. International Journal of Computer Vision (IJCV), 2016, 119(3): 219-238.

[54] Dalal N, Triggs B. Histograms of oriented gradients for human detection[C]// Proceedings of the IEEE Conference on Computer Vision and Pattern Recognition (CVPR). 2005, 1: 886-893.

[55] Lowe D G. Distinctive image features from scale-invariant keypoints[J]. International Journal of Computer Vision (IJCV), 2004, 60(2): 91-110.

[56] Bay H, Tuytelaars T, Van Gool L. Surf: Speeded up robust features[C]// Proceedings of the European Conference on Computer Vision (ECCV). 2006: 404-417.

[57] Ojala T, Pietikainen M, Maenpaa T. Multiresolution gray-scale and rotation invariant texture classification with local binary patterns[J]. IEEE Transactions on pattern analysis and machine intelligence (TPAMI), 2002, 24(7): 971-987.

[58] Scovanner P, Ali S, Shah M. A 3-dimensional sift descriptor and its application to action recognition[C]//Proceedings of the ACM international conference on Multimedia (ACM MM). 2007: 357-360.

[59] Laptev I, Marszalek M, Schmid C, et al. Learning realistic human actions from movies[C]// Proceedings of the IEEE Conference on Computer Vision and Pattern Recognition (CVPR). 2008: 1-8.

[60] Klaser A, Marszałek M, Schmid C. A spatio-temporal descriptor based on 3d-gradients[C]// Proceedings of the British Machine Vision Conference (BMVC). 2008: 275: 1-10.

[61] Yeffet L, Wolf L. Local trinary patterns for human action recognition[C]// Proceedings of the IEEE International Conference on Computer Vision (ICCV). 2009: 492-497.

[62] Lan Z, Lin M, Li X, et al. Beyond gaussian pyramid: Multi-skip feature stacking for action recognition[C]//Proceedings of the IEEE Conference on Computer Vision and Pattern Recognition (CVPR). 2015: 204-212.

[63] Kantorov V, Laptev I. Efficient feature extraction, encoding and classification for action recognition[C]//Proceedings of the IEEE Conference on Computer Vision and Pattern Recognition (CVPR). 2014: 2593-2600.

[64] Shi F, Laganiere R, Petriu E. Gradient boundary histograms for action recognition[C]//Proceedings of the IEEE Winter Conference on Applications of Computer Vision (WACV). 2015: 1107-1114.

[65] Shi F, Petriu E, Laganiere R. Sampling strategies for real-time action recognition[C]//Proceedings of the IEEE Conference on Computer Vision and Pattern Recognition (CVPR). 2013: 2595-2602.

[66] Schuldt C, Laptev I, Caputo B. Recognizing human actions: A local SVM approach[C]//Proceedings of the International Conference on Pattern Recognition (ICPR). 2004, 3: 32-36.

[67] Lee H, Battle A, Raina R, et al. Efficient sparse coding algorithms[C]// Proceedings of the Conference and Workshop on Neural Information Processing Systems (NIPS). 2007, 19: 801.

[68] Van Gemert J C, Veenman C J, Smeulders A W M, et al. Visual word ambiguity[J]. IEEE Transactions on Pattern Analysis and Machine Intelligence (TPAMI), 2010, 32(7): 1271-1283.

[69] Wang J, Yang J, Yu K, et al. Locality-constrained linear coding for image classification[C]//Proceedings of the IEEE Conference on Computer Vision and Pattern Recognition (CVPR). 2010: 3360-3367.

[70] Sivic J, Zisserman A. Video google: A text retrieval approach to object matching in videos[C]// Proceedings of the IEEE International Conference on Computer Vision (ICCV). 2003, 2(1470): 1470-1477.

[71] Liu L, Wang L, Liu X. In defense of soft-assignment coding[C]//Proceedings of the IEEE International Conference on Computer Vision (ICCV). 2011: 2486-2493.

[72] Perronnin F, Sánchez J, Mensink T. Improving the fisher kernel for large-scale image classification[C]//Proceedings of the European Conference on Computer Vision (ECCV). 2010: 143-156.

[73] 王晓刚. 深度学习在图像识别中的研究进展与展望[R]. 2015.

[74] Jhuang H, Serre T, Wolf L, et al. A biologically inspired system for action recognition[C] //Proceedings of the IEEE International Conference on Computer Vision (ICCV). 2007: 1-8.

[75] Taylor G W, Fergus R, LeCun Y, et al. Convolutional learning of spatio-temporal features[C]// Proceedings of the European Conference on Computer Vision (ECCV). 2010: 140-153.

[76] Giese M A, Poggio T. Neural mechanisms for the recognition of biological movements[J]. Nature Reviews Neuroscience, 2003, 4(3): 179-192.

[77] Le Q V, Zou W Y, Yeung S Y, et al. Learning hierarchical invariant spatio-temporal features for action recognition with independent subspace analysis[C]// Proceedings of the IEEE Conference on Computer Vision and Pattern Recognition (CVPR). 2011: 3361-3368.

[78] Hyvärinen A, Hurri J, Hoyer P O. Natural image statistics: a probabilistic approach to early computational vision[M]. Springer Science & Business Media, 2009.

[79] Ji S, Xu W, Yang M, et al. 3D convolutional neural networks for human action recognition[J]. IEEE Transactions on Pattern Analysis and Machine Intelligence (TPAMI), 2013, 35(1):221-231.

[80] Karpathy A, Toderici G, Shetty S, et al. Large-scale video classification with convolutional neural networks[C]//Proceedings of the IEEE Conference on Computer Vision and Pattern Recognition (CVPR). 2014: 1725-1732.

[81] Simonyan K, Zisserman A. Two-stream convolutional networks for action recognition in videos[C]// Proceedings of the Conference and Workshop on Neural Information Processing Systems (NIPS). 2014: 568-576.

[82] Collobert R, Weston J. A unified architecture for natural language processing: Deep neural networks with multitask learning[C]//Proceedings of the ACM International Conference on Machine Learning (ICML). 2008: 160-167.

[83] Weinzaepfel P, Harchaoui Z, Schmid C. Learning to track for spatio-temporal action localization[C]// Proceedings of the IEEE International Conference on Computer Vision (ICCV). 2015: 3164-3172.

[84] Zhang B, Wang L, Wang Z, et al. Real-time action recognition with enhanced motion vector CNNs[C]// Proceedings of the IEEE Conference on Computer

Vision and Pattern Recognition (CVPR). 2016: 2718-2726.

[85] Zhu W, Hu J, Sun G, et al. A key volume mining deep framework for action recognition[C]// Proceedings of the IEEE Conference on Computer Vision and Pattern Recognition (CVPR). 2016: 1991-1999.

[86] de Souza C R, Gaidon A, Vig E, et al. Sympathy for the details: dense trajectories and hybrid classification architectures for action recognition[C]// Proceedings of the European Conference on Computer Vision (ECCV). 2016: 697-716.

[87] Peng X, Schmid C. Multi-region two-stream r-cnn for action detection[C]// Proceedings of the European Conference on Computer Vision (ECCV). 2016: 744-759.

[88] Wang Y, Song J, Wang L, et al. Two-stream sr-cnns for action recognition in videos[C]//Proceedings of the British Machine Vision Conference (BMVC). 2016.

[89] Varol G, Laptev I, Schmid C. Long-term temporal convolutions for action recognition[J]. arXiv preprint arXiv:1604.04494, 2016.

[90] Baccouche M, Mamalet F, Wolf C, et al. Sequential deep learning for human action recognition[C]// Proceedings of the IEEE International Workshop on Human Behavior Understanding (HBU). 2011: 29-39.

[91] LeCun Y, Bottou L, Bengio Y, et al. Gradient-based learning applied to document recognition[J]. Proceedings of the IEEE, 1998, 86(11): 2278-2324.

[92] LeCun Y, Kavukcuoglu K, Farabet C. Convolutional networks and applications in vision[C]// Proceedings of IEEE International Symposium on Circuits and Systems (ISCAS). 2010: 253-256.

[93] Gers F A, Schraudolph N N, Schmidhuber J. Learning precise timing with lstm recurrent networks[J]. Journal of Machine Learning Research, 2002, 3: 115-143.

[94] Wu Z, Wang X, Jiang Y G, et al. Modeling spatial-temporal clues in a hybrid deep learning framework for video classification[C]//Proceedings of the ACM international conference on Multimedia (ACM MM). 2015: 461-470.

[95] Fernando B, Gavves E, Oramas J M, et al. Modeling video evolution for action recognition[C]// Proceedings of the IEEE Conference on Computer Vision and Pattern Recognition (CVPR). 2015: 5378-5387.

[96] Liu T Y. Learning to rank for information retrieval[J]. Foundations and Trends in

Information Retrieval, 2009, 3(3): 225-331.

[97] Yue-Hei Ng J, Hausknecht M, Vijayanarasimhan S, et al. Beyond short snippets: deep networks for video classification[C]//Proceedings of the IEEE Conference on Computer Vision and Pattern Recognition (CVPR). 2015: 4694-4702.

[98] Donahue J, Anne Hendricks L, Guadarrama S, et al. Long-term recurrent convolutional networks for visual recognition and description[C]//Proceedings of the IEEE conference on computer vision and pattern recognition (CVPR). 2015: 2625-2634.

[99] Srivastava N, Mansimov E, Salakhutdinov R. Unsupervised learning of video representations using lstms[C]//Proceedings of the ACM International Conference on Machine Learning (ICML). 2015: 843-852.

[100] Lev G, Sadeh G, Klein B, et al. RNN fisher vectors for action recognition and image annotation[C]//Proceedings of the European Conference on Computer Vision (ECCV). 2016: 833-850.

[101] Wang L, Xiong Y, Wang Z, et al. Temporal segment networks: towards good practices for deep action recognition[C]//Proceedings of the European Conference on Computer Vision (ECCV). 2016: 20-36.

[102] Klein B, Lev G, Sadeh G, et al. Associating neural word embeddings with deep image representations using fisher vectors[C]//Proceedings of the IEEE Conference on Computer Vision and Pattern Recognition (CVPR). 2015: 4437-4446.

[103] Tran D, Bourdev L, Fergus R, et al. Learning spatiotemporal features with 3d convolutional networks[C]//Proceedings of the IEEE International Conference on Computer Vision (ICCV). 2015: 4489-4497.

[104] Weinland D, Ronfard R, Boyer E. Free viewpoint action recognition using motion history volumes[J]. Computer Vision and Image Understanding (CVIU), 2006, 104(2): 249-257.

[105] Rodriguez M D, Ahmed J, Shah M. Action mach a spatio-temporal maximum average correlation height filter for action recognition[C]//Proceedings of the IEEE Conference on Computer Vision and Pattern Recognition (CVPR). 2008: 1-8.

[106] Liu J, Luo J, Shah M. Recognizing realistic actions from videos "in the wild"[C]//Proceedings of the IEEE Conference on Computer Vision and Pattern Recognition (CVPR). 2009: 1996-2003.

[107] Marszalek M, Laptev I, Schmid C. Actions in context[C]//Proceedings of the IEEE Conference on Computer Vision and Pattern Recognition (CVPR). 2009: 2929-2936.

[108] Niebles J C, Chen C W, Fei-Fei L. Modeling temporal structure of decomposable motion segments for activity classification[C]//Proceedings of the European Conference on Computer Vision (ECCV). 2010: 392-405.

[109] Kuehne H, Jhuang H, Garrote E, et al. HMDB: a large video database for human motion recognition[C]//Proceedings of the IEEE International Conference on Computer Vision (ICCV). 2011: 2556-2563.

[110] Jiang Y G, Ye G, Chang S F, et al. Consumer video understanding: A benchmark database and an evaluation of human and machine performance[C]//Proceedings of the ACM International Conference on Multimedia Retrieval (ICMR). 2011: 29.

[111] Reddy K K, Shah M. Recognizing 50 human action categories of web videos[J]. Machine Vision and Applications, 2013, 24(5): 971-981.

[112] Kliper-Gross O, Hassner T, Wolf L. The action similarity labeling challenge[J]. IEEE Transactions on Pattern Analysis and Machine Intelligence (TPAMI), 2012, 34(3): 615-621.

[113] Soomro K, Zamir A R, Shah M. UCF101: A dataset of 101 human actions classes from videos in the wild[J]. arXiv preprint arXiv:1212.0402, 2012.

[114] Hassner T. A critical review of action recognition benchmarks[C]//Proceedings of the IEEE Conference on Computer Vision and Pattern Recognition Workshops (CVPRW). 2013: 245-250.

[115] Lan Z, Zhu Y, Hauptmann A G. Deep Local Video Feature for Action Recognition[J]. arXiv preprint arXiv:1701.07368, 2017.

[116] Tierney S, Gao J, Guo Y. Subspace clustering for sequential data[C]//Proceedings of the IEEE Conference on Computer Vision and Pattern Recognition (CVPR). 2014: 1019-1026.

[117] Li S, Li K, Fu Y. Temporal subspace clustering for human motion segmentation[C]// Proceedings of the IEEE International Conference on Computer Vision (ICCV). 2015: 4453-4461.

[118] Ravanbakhsh M, Mousavi H, Rastegari M, et al. Action Recognition with Image Based CNN Features[J]. arXiv preprint arXiv:1512.03980, 2015.

[119] Lin K, Lu J, Chen C S, et al. Learning compact binary descriptors with unsupervised

deep neural networks[C]//Proceedings of the IEEE Conference on Computer Vision and Pattern Recognition (CVPR). 2016: 1183-1192.

[120] Deng J, Dong W, Socher R, et al. Imagenet: A large-scale hierarchical image database[C]// Proceedings of the IEEE Conference on Computer Vision and Pattern Recognition (CVPR). 2009: 248-255.

[121] Wang L, Xiong Y, Wang Z, et al. Towards good practices for very deep two-stream convnets[J]. arXiv preprint arXiv:1507.02159, 2015.

[122] Brox T, Bruhn A, Papenberg N, et al. High accuracy optical flow estimation based on a theory for warping[C]//Proceedings of the European Conference on Computer Vision (ECCV). 2004: 25-36.

[123] Feichtenhofer C, Pinz A, Zisserman A. Convolutional two-stream network fusion for video action recognition[C]//Proceedings of the IEEE Conference on Computer Vision and Pattern Recognition (CVPR). 2016: 1933-1941.

[124] Bilen H, Fernando B, Gavves E, et al. Dynamic image networks for action recognition[C]//Proceedings of the IEEE Conference on Computer Vision and Pattern Recognition (CVPR). 2016: 3034-3042.

[125] Fernando B, Anderson P, Hutter M, et al. Discriminative hierarchical rank pooling for activity recognition[C]//Proceedings of the IEEE Conference on Computer Vision and Pattern Recognition (CVPR). 2016: 1924-1932.

[126] Wang X, Farhadi A, Gupta A. Actions~ transformations[C]//Proceedings of the IEEE Conference on Computer Vision and Pattern Recognition (CVPR). 2016: 2658-2667.

[127] Cui X, Liu Q, Metaxas D. Temporal spectral residual: fast motion saliency detection[C]//Proceedings of the ACM International Conference on Multimedia (ACM MM). 2009: 617-620.

[128] Hou X, Zhang L. Saliency detection: A spectral residual approach[C]// Proceedings of the IEEE Conference on Computer Vision and Pattern Recognition (CVPR). 2007: 1-8.

[129] Liu Z, Zhang X, Luo S, et al. Superpixel-based spatiotemporal saliency detection[J]. IEEE Transactions on Circuits and Systems for Video Technology (TCSVT), 2014, 24(9): 1522-1540.

[130] Zhou F, Bing Kang S, Cohen M F. Time-mapping using space-time saliency[C]//Proceedings of the IEEE Conference on Computer Vision and

Pattern Recognition (CVPR). 2014: 3358-3365.

[131] Wang W, Shen J, Porikli F. Saliency-aware geodesic video object segmentation[C]//Proceedings of the IEEE Conference on Computer Vision and Pattern Recognition (CVPR). 2015: 3395-3402.

[132] Bao L, Zhang X, Zheng Y, et al. Video saliency detection using 3D shearlet transform[J]. Multimedia Tools and Applications, 2016, 75(13): 7761-7778.

[133] 郑云飞，张雄伟，曹铁勇，等．基于颜色和运动空间分布的时空显著性区域检测算法[J]．计算机应用研究，2017，（07）：1-9.

[134] Huang C R, Chang Y J, Yang Z X, et al. Video saliency map detection by dominant camera motion removal[J]. IEEE Transactions on Circuits and Systems for Video Technology (TCSVT), 2014, 24(8): 1336-1349.

[135] Chen W, Xiong C, Xu R, et al. Actionness ranking with lattice conditional ordinal random fields[C]//Proceedings of the IEEE Conference on Computer Vision and Pattern Recognition (CVPR). 2014: 748-755.

[136] Wang L, Qiao Y, Tang X, et al. Actionness estimation using hybrid fully convolutional networks[C]//Proceedings of the IEEE Conference on Computer Vision and Pattern Recognition (CVPR). 2016: 2708-2717.

[137] Luo Y, Cheong L F, Tran A. Actionness-assisted recognition of actions[C]//Proceedings of the IEEE International Conference on Computer Vision (ICCV). 2015: 3244-3252.

[138] Li Q, Cheng H, Zhou Y, et al. Human action recognition using improved salient dense trajectories[J]. Computational Intelligence and Neuroscience, 2016.

[139] Somasundaram G, Cherian A, Morellas V, et al. Action recognition using global spatio-temporal features derived from sparse representations[J]. Computer Vision and Image Understanding (CVIU), 2014, 123: 1-13.

[140] Long J, Shelhamer E, Darrell T. Fully convolutional networks for semantic segmentation[C]//Proceedings of the IEEE Conference on Computer Vision and Pattern Recognition (CVPR). 2015: 3431-3440.

[141] 郑雅羽，田翔，陈耀武．基于运动矢量对消和差分原理的快速全局运动估计[J]．电子与信息学报，2009，31（4）：840-843.

[142] Butler D J, Wulff J, Stanley G B, et al. A naturalistic open source movie for optical flow evaluation[C]//Proceedings of the European Conference on Computer Vision (ECCV). 2012: 611-625.

[143] Pérez J S, Meinhardt-Llopis E, Facciolo G. TV-L1 optical flow estimation[J]. Image Processing On Line. 2013: 137-150.

[144] Sun L, Jia K, Yeung D Y, et al. Human action recognition using factorized spatio-temporal convolutional networks[C]//Proceedings of the IEEE International Conference on Computer Vision (ICCV). 2015: 4597-4605.

[145] Wu Z, Jiang Y G, Wang X, et al. Multi-stream multi-class fusion of deep networks for video classification[C]//Proceedings of the ACM Conference on Multimedia (ACM MM). 2016: 791-800.

[146] Dalal N, Triggs B, Schmid C. Human detection using oriented histograms of flow and appearance[C]//Proceedings of the European Conference on Computer Vision (ECCV). 2006: 428-441.

[147] Uijlings J, Duta I C, Sangineto E, et al. Video classification with densely extracted hog/hof/mbh features: an evaluation of the accuracy/computational efficiency trade-off[J]. International Journal of Multimedia Information Retrieval, 2015, 4(1): 33-44.

[148] Sun J, Wu X, Yan S, et al. Hierarchical spatio-temporal context modeling for action recognition[C]//2009 IEEE Conference on computer vision and pattern recognition. IEEE, 2009: 2004-2011.

[149] Park E, Han X, Berg T L, et al. Combining multiple sources of knowledge in deep cnns for action recognition[C]//2016 IEEE Winter Conference on Applications of Computer Vision (WACV). IEEE, 2016: 1-8.

[150] Jgou H, Perronnin F, Douze M, et al. Aggregating local image descriptors into compact codes[J]. IEEE transactions on pattern analysis and machine intelligence, 2012, 34(9): 1704-1716.

[151] Mironică I, Duţă I C, Ionescu B, et al. A modified vector of locally aggregated descriptors approach for fast video classification[J]. Multimedia Tools and Applications, 2016, 75: 9045-9072.

[152] Uijlings J R R, Duta I C, Rostamzadeh N, et al. Realtime video classification using dense hof/hog[C]//Proceedings of international conference on multimedia retrieval. 2014: 145-152.

[153] Xu Z, Yang Y, Hauptmann A G. A discriminative CNN video representation for event detection[C]//Proceedings of the IEEE conference on computer vision and pattern recognition. 2015: 1798-1807.

[154] Zhou X, Yu K, Zhang T, et al. Image classification using super-vector coding of local image descriptors[C]//Computer Vision–ECCV 2010: 11th European Conference on Computer Vision, Heraklion, Crete, Greece, September 5-11, 2010, Proceedings, Part V 11. Springer Berlin Heidelberg, 2010: 141-154.

[155] Peng X, Wang L, Qiao Y, et al. Boosting VLAD with supervised dictionary learning and high-order statistics[C]//Computer Vision–ECCV 2014: 13th European Conference, Zurich, Switzerland, September 6-12, 2014, Proceedings, Part III 13. Springer International Publishing, 2014: 660-674.

[156] Lazebnik S, Schmid C, Ponce J. Beyond bags of features: Spatial pyramid matching for recognizing natural scene categories[C]//2006 IEEE computer society conference on computer vision and pattern recognition (CVPR'06). IEEE, 2006, 2: 2169-2178.

[157] Peng X, Zou C, Qiao Y, et al. Action recognition with stacked fisher vectors[C]//Computer Vision–ECCV 2014: 13th European Conference, Zurich, Switzerland, September 6-12, 2014, Proceedings, Part V 13. Springer International Publishing, 2014: 581-595.

[158] Arandjelovic R, Zisserman A. All about VLAD[C]//Proceedings of the IEEE conference on Computer Vision and Pattern Recognition. 2013: 1578-1585.

[159] Duta I C, Nguyen T A, Aizawa K, et al. Boosting VLAD with double assignment using deep features for action recognition in videos[C]//2016 23rd International Conference on Pattern Recognition (ICPR). IEEE, 2016: 2210-2215.

[160] Fernando B, Gavves E, Oramas J, et al. Rank pooling for action recognition[J]. IEEE transactions on pattern analysis and machine intelligence, 2016, 39(4): 773-787.

[161] Zach C, Pock T, Bischof H. A duality based approach for realtime tv-l 1 optical flow[C]//Pattern Recognition: 29th DAGM Symposium, Heidelberg, Germany, September 12-14, 2007. Proceedings 29. Springer Berlin Heidelberg, 2007: 214-223.

[162] Duta I C, Uijlings J R R, Nguyen T A, et al. Histograms of motion gradients for real-time video classification[C]//2016 14th International Workshop on Content-Based Multimedia Indexing (CBMI). IEEE, 2016: 1-6.

[163] Jain M, Jégou H, Bouthemy P. Better exploiting motion for better action recognition[C]//Proceedings of the IEEE conference on computer vision and

pattern recognition. 2013: 2555-2562.

[164] Zhu J, Wang B, Yang X, et al. Action recognition with actons[C]//Proceedings of the IEEE International Conference on Computer Vision. 2013: 3559-3566.

[165] Oneata D, Verbeek J, Schmid C. Action and event recognition with fisher vectors on a compact feature set[C]//Proceedings of the IEEE international conference on computer vision. 2013: 1817-1824.

[166] Seo J J, Kim H I, De Neve W, et al. Effective and efficient human action recognition using dynamic frame skipping and trajectory rejection[J]. Image and Vision Computing, 2017, 58: 76-85.

[167] Yang X, Molchanov P, Kautz J. Multilayer and multimodal fusion of deep neural networks for video classification[C]//Proceedings of the 24th ACM international conference on Multimedia. 2016: 978-987.

[168] Solmaz B, Assari S M, Shah M. Classifying web videos using a global video descriptor[J]. Machine vision and applications, 2013, 24: 1473-1485.

[169] Ballas N, Yang Y, Lan Z Z, et al. Space-time robust representation for action recognition[C]//Proceedings of the IEEE International Conference on Computer Vision. 2013: 2704-2711.

[170] Everts I, Van Gemert J C, Gevers T. Evaluation of color spatio-temporal interest points for human action recognition[J]. IEEE Transactions on Image Processing, 2014, 23(4): 1569-1580.

[171] Ciptadi A, Goodwin M S, Rehg J M. Movement pattern histogram for action recognition and retrieval[C]//Computer Vision–ECCV 2014: 13th European Conference, Zurich, Switzerland, September 6-12, 2014, Proceedings, Part II 13. Springer International Publishing, 2014: 695-710.

[172] Narayan S, Ramakrishnan K R. A cause and effect analysis of motion trajectories for modeling actions[C]//Proceedings of the IEEE conference on computer vision and pattern recognition. 2014: 2633-2640.

[173] Wang H, Schmid C. Lear-inria submission for the thumos workshop[C]//ICCV workshop on action recognition with a large number of classes. 2013, 2(7): 8.

[174] Diba A, Pazandeh A M, Van Gool L. Efficient two-stream motion and appearance 3d cnns for video classification[J]. arXiv preprint arXiv:1608.08851, 2016.

[175] Carreira J, Zisserman A. Quo vadis, action recognition? a new model and the

kinetics dataset[C]//proceedings of the IEEE Conference on Computer Vision and Pattern Recognition. 2017: 6299-6308.

[176] Tran D, Ray J, Shou Z, et al. Convnet architecture search for spatiotemporal feature learning[J]. arXiv preprint arXiv:1708.05038, 2017.

[177] Kay W, Carreira J, Simonyan K, et al. The kinetics human action video dataset[J]. arXiv preprint arXiv:1705.06950, 2017.

[178] Cao C, Zhang Y, Zhang C, et al. Action recognition with joints-pooled 3d deep convolutional descriptors[C]//IJCAI. 2016, 1: 3.

[179] Chéron G, Laptev I, Schmid C. P-cnn: Pose-based cnn features for action recognition[C]//Proceedings of the IEEE international conference on computer vision. 2015: 3218-3226.

[180] Jhuang H, Gall J, Zuffi S, et al. Towards understanding action recognition[C]// Proceedings of the IEEE international conference on computer vision. 2013: 3192-3199.

[181] Zolfaghari M, Oliveira G L, Sedaghat N, et al. Chained multi-stream networks exploiting pose, motion, and appearance for action classification and detection[C]//Proceedings of the IEEE International Conference on Computer Vision. 2017: 2904-2913.

[182] Du Y, Wang W, Wang L. Hierarchical recurrent neural network for skeleton based action recognition[C]//Proceedings of the IEEE conference on computer vision and pattern recognition. 2015: 1110-1118.

[183] Liu J, Shahroudy A, Xu D, et al. Spatio-temporal lstm with trust gates for 3d human action recognition[C]//Computer Vision–ECCV 2016: 14th European Conference, Amsterdam, The Netherlands, October 11-14, 2016, Proceedings, Part Ⅲ 14. Springer International Publishing, 2016: 816-833.

[184] Shahroudy A, Liu J, Ng T T, et al. Ntu rgb+ d: A large scale dataset for 3d human activity analysis[C]//Proceedings of the IEEE conference on computer vision and pattern recognition. 2016: 1010-1019.

[185] Cao Z, Simon T, Wei S E, et al. Realtime multi-person 2d pose estimation using part affinity fields[C]//Proceedings of the IEEE conference on computer vision and pattern recognition. 2017: 7291-7299.

[186] He K, Zhang X, Ren S, et al. Deep residual learning for image recognition[C]// Proceedings of the IEEE conference on computer vision and pattern recognition.

2016: 770-778.

[187] Sun L, Jia K, Chen K, et al. Lattice long short-term memory for human action recognition[C]//Proceedings of the IEEE international conference on computer vision. 2017: 2147-2156.

[188] Christoph R, Pinz F A. Spatiotemporal residual networks for video action recognition[J]. Advances in neural information processing systems, 2016: 2.

[189] Kalogeiton V, Weinzaepfel P, Ferrari V, et al. Action tubelet detector for spatio-temporal action localization[C]//Proceedings of the IEEE International Conference on Computer Vision. 2017: 4405-4413.

[190] Saha S, Singh G, Sapienza M, et al. Deep learning for detecting multiple space-time action tubes in videos[C]//British Machine Vision Conference (BMVC) 2016. British Machine Vision Conference, 2016.

[191] Dutt Jain S, Xiong B, Grauman K. Fusionseg: Learning to combine motion and appearance for fully automatic segmentation of generic objects in videos[C]//Proceedings of the IEEE conference on computer vision and pattern recognition. 2017: 3664-3673.

[192] Tokmakov P, Alahari K, Schmid C. Learning motion patterns in videos[C]//Proceedings of the IEEE conference on computer vision and pattern recognition. 2017: 3386-3394.

[193] Diba A, Sharma V, Van Gool L. Deep temporal linear encoding networks[C]//Proceedings of the IEEE conference on Computer Vision and Pattern Recognition. 2017: 2329-2338.

[194] Wang C, Wang Y, Yuille A L. An approach to pose-based action recognition[C]//Proceedings of the IEEE conference on computer vision and pattern recognition. 2013: 915-922.

[195] Xiaohan Nie B, Xiong C, Zhu S C. Joint action recognition and pose estimation from video[C]//Proceedings of the IEEE conference on computer vision and pattern recognition. 2015: 1293-1301.

[196] Du W, Wang Y, Qiao Y. Rpan: An end-to-end recurrent pose-attention network for action recognition in videos[C]//Proceedings of the IEEE international conference on computer vision. 2017: 3725-3734.

[197] Girdhar R, Ramanan D. Attentional pooling for action recognition[J]. Advances in neural information processing systems, 2017, 30.

[198] Newell A, Yang K, Deng J. Stacked hourglass networks for human pose estimation[C]//Computer Vision–ECCV 2016: 14th European Conference, Amsterdam, The Netherlands, October 11-14, 2016, Proceedings, Part Ⅷ 14. Springer International Publishing, 2016: 483-499.

[199] Lin T Y, Maire M, Belongie S, et al. Microsoft coco: Common objects in context[C]//Computer Vision–ECCV 2014: 13th European Conference, Zurich, Switzerland, September 6-12, 2014, Proceedings, Part V 13. Springer International Publishing, 2014: 740-755.

[200] Ioffe S, Szegedy C. Batch normalization: Accelerating deep network training by reducing internal covariate shift[C]//International conference on machine learning. pmlr, 2015: 448-456.

[201] Glorot X, Bengio Y. Understanding the difficulty of training deep feedforward neural networks[C]//Proceedings of the thirteenth international conference on artificial intelligence and statistics. JMLR Workshop and Conference Proceedings, 2010: 249-256.

[202] Srivastava N, Hinton G, Krizhevsky A, et al. Dropout: a simple way to prevent neural networks from overfitting[J]. The journal of machine learning research, 2014, 15(1): 1929-1958.

[203] Kingma D P, Ba J. Adam: A method for stochastic optimization[J]. arXiv preprint arXiv:1412.6980, 2014.

[204] Gkioxari G, Malik J. Finding action tubes[C]//Proceedings of the IEEE conference on computer vision and pattern recognition. 2015: 759-768.

[205] Abu-El-Haija S, Kothari N, Lee J, et al. Youtube-8m: A large-scale video classification benchmark[J]. arXiv preprint arXiv:1609.08675, 2016.

[206] Monfort M, Andonian A, Zhou B, et al. Moments in time dataset: one million videos for event understanding[J]. IEEE transactions on pattern analysis and machine intelligence, 2019, 42(2): 502-508.

[207] Goyal R, Ebrahimi Kahou S, Michalski V, et al. The "something something" video database for learning and evaluating visual common sense[C]//Proceedings of the IEEE international conference on computer vision. 2017: 5842-5850.

[208] Sigurdsson G A, Gupta A, Schmid C, et al. Actor and observer: Joint modeling of first and third-person videos[C]//proceedings of the IEEE conference on computer vision and pattern recognition. 2018: 7396-7404.

[209] Sigurdsson G A, Varol G, Wang X, et al. Hollywood in homes: Crowdsourcing data collection for activity understanding[C]//Computer Vision-ECCV 2016: 14th European Conference, Amsterdam, The Netherlands, October 11-14, 2016, Proceedings, Part I 14. Springer International Publishing, 2016: 510-526.

[210] Zhao H, Torralba A, Torresani L, et al. Hacs: Human action clips and segments dataset for recognition and temporal localization[C]//Proceedings of the IEEE/CVF International Conference on Computer Vision. 2019: 8668-8678.

[211] Weinzaepfel P, Martin X, Schmid C. Human action localization with sparse spatial supervision[J]. arXiv preprint arXiv:1605.05197, 2016.

[212] Ionescu C, Li F, Sminchisescu C. Latent structured models for human pose estimation[C]//2011 International Conference on Computer Vision. IEEE, 2011: 2220-2227.

[213] Ionescu C, Papava D, Olaru V, et al. Human3. 6m: Large scale datasets and predictive methods for 3d human sensing in natural environments[J]. IEEE transactions on pattern analysis and machine intelligence, 2013, 36(7): 1325-1339.

[214] Rodriguez M. Spatio-temporal maximum average correlation height templates in action recognition and video summarization[D]. 2010.

[215] Soomro K, Zamir A R. Action recognition in realistic sports videos[M]// Computer vision in sports. Cham: Springer International Publishing, 2015: 181-208.

[216] Gu C, Sun C, Ross D A, et al. Ava: A video dataset of spatio-temporally localized atomic visual actions[C]//Proceedings of the IEEE conference on computer vision and pattern recognition. 2018: 6047-6056.

[217] Idrees H, Zamir A R, Jiang Y G, et al. The thumos challenge on action recognition for videos “in the wild”[J]. Computer Vision and Image Understanding, 2017, 155: 1-23.

[218] Ghanem B, Niebles J C, Snoek C, et al. The activitynet large-scale activity recognition challenge 2018 summary[J]. arXiv preprint arXiv:1808.03766, 2018.

[219] Hendricks L A, Akata Z, Rohrbach M, et al. Generating visual explanations[C]// Computer Vision–ECCV 2016: 14th European Conference, Amsterdam, The Netherlands, October 11-14, 2016, Proceedings, Part Ⅳ 14. Springer International

Publishing, 2016: 3-19.

[220] Johnson J, Karpathy A, Fei-Fei L. Densecap: Fully convolutional localization networks for dense captioning[C]//Proceedings of the IEEE conference on computer vision and pattern recognition. 2016: 4565-4574.

[221] Liu S, Qi L, Qin H, et al. Path aggregation network for instance segmentation[C]//Proceedings of the IEEE conference on computer vision and pattern recognition. 2018: 8759-8768.

[222] Hommos O, Pintea S L, Mettes P S M, et al. Using phase instead of optical flow for action recognition[C]//Proceedings of the European Conference on Computer Vision (ECCV) Workshops. 2018: 0-0.

[223] Yao T, Li X. Yh technologies at activitynet challenge 2018[J]. arXiv preprint arXiv:1807.00686, 2018.

[224] Zhang D, Guo G, Huang D, et al. Poseflow: A deep motion representation for understanding human behaviors in videos[C]//Proceedings of the IEEE Conference on Computer Vision and Pattern Recognition. 2018: 6762-6770.

[225] Zhao Y, Xiong Y, Lin D. Recognize actions by disentangling components of dynamics[C]//Proceedings of the IEEE Conference on Computer Vision and Pattern Recognition. 2018: 6566-6575.

[226] Huang D A, Ramanathan V, Mahajan D, et al. What makes a video a video: Analyzing temporal information in video understanding models and datasets[C]//Proceedings of the IEEE Conference on Computer Vision and Pattern Recognition. 2018: 7366-7375.

[227] Liu K, Liu W, Gan C, et al. T-C3D: Temporal convolutional 3D network for real-time action recognition[C]//Proceedings of the AAAI conference on artificial intelligence. 2018, 32(1).

[228] Singh G, Saha S, Cuzzolin F. Predicting action tubes[C]//Proceedings of the European Conference on Computer Vision (ECCV) Workshops. 2018: 0-0.

[229] Wang J, Cherian A, Porikli F, et al. Video representation learning using discriminative pooling[C]//Proceedings of the IEEE conference on computer vision and pattern recognition. 2018: 1149-1158.

[230] Xie S, Sun C, Huang J, et al. Rethinking spatiotemporal feature learning: Speed-accuracy trade-offs in video classification[C]//Proceedings of the European conference on computer vision (ECCV). 2018: 305-321.

[231] Yan S, Xiong Y, Lin D. Spatial temporal graph convolutional networks for skeleton-based action recognition[C]//Proceedings of the AAAI conference on artificial intelligence. 2018, 32(1).

[232] Li D, Qiu Z, Dai Q, et al. Recurrent tubelet proposal and recognition networks for action detection[C]//Proceedings of the European conference on computer vision (ECCV). 2018: 303-318.

[233] Long X, Gan C, De Melo G, et al. Attention clusters: Purely attention based local feature integration for video classification[C]//Proceedings of the IEEE conference on computer vision and pattern recognition. 2018: 7834-7843.

[234] Bilen H, Fernando B, Gavves E, et al. Action recognition with dynamic image networks[J]. IEEE transactions on pattern analysis and machine intelligence, 2017, 40(12): 2799-2813.

[235] Sun X, Nasrabadi N M, Tran T D. Supervised deep sparse coding networks for image classification[J]. IEEE Transactions on Image Processing, 2019, 29: 405-418.

[236] Shi Y, Tian Y, Wang Y, et al. Joint network based attention for action recognition[J]. arXiv preprint arXiv:1611.05215, 2016.

[237] Stroud J, Ross D, Sun C, et al. D3d: Distilled 3d networks for video action recognition[C]//Proceedings of the IEEE/CVF Winter Conference on Applications of Computer Vision. 2020: 625-634.

[238] Wang Y, Long M, Wang J, et al. Spatiotemporal pyramid network for video action recognition[C]//Proceedings of the IEEE conference on Computer Vision and Pattern Recognition. 2017: 1529-1538.

[239] Ye Y, Tian Y. Embedding sequential information into spatiotemporal features for action recognition[C]//Proceedings of the IEEE conference on computer Vision and pattern recognition workshops. 2016: 37-45.

[240] Baccouche M, Mamalet F, Wolf C, et al. Action classification in soccer videos with long short-term memory recurrent neural networks[C]//International Conference on Artificial Neural Networks. Berlin, Heidelberg: Springer Berlin Heidelberg, 2010: 154-159.

[241] Hasan M, Choi J, Neumann J, et al. Learning temporal regularity in video sequences[C]//Proceedings of the IEEE conference on computer vision and pattern recognition. 2016: 733-742.

[242] He K, Gkioxari G, Dollár P, et al. Mask r-cnn[C]//Proceedings of the IEEE international conference on computer vision. 2017: 2961-2969.

[243] Ayazoglu M, Li B, Dicle C, et al. Dynamic subspace-based coordinated multicamera tracking[C]//2011 International conference on computer vision. IEEE, 2011: 2462-2469.

[244] Liu W, Sharma A, Camps O, et al. Dyan: A dynamical atoms-based network for video prediction[C]//Proceedings of the European Conference on Computer Vision (ECCV). 2018: 170-185.

[245] Zhang X, Wang Y, Gou M, et al. Efficient temporal sequence comparison and classification using gram matrix embeddings on a riemannian manifold[C]// Proceedings of the IEEE conference on computer vision and pattern recognition. 2016: 4498-4507.

[246] Tran D, Wang H, Torresani L, et al. A closer look at spatiotemporal convolutions for action recognition[C]//Proceedings of the IEEE conference on Computer Vision and Pattern Recognition. 2018: 6450-6459.

[247] Sun D, Yang X, Liu M Y, et al. Pwc-net: Cnns for optical flow using pyramid, warping, and cost volume[C]//Proceedings of the IEEE conference on computer vision and pattern recognition. 2018: 8934-8943.

[248] Sevilla-Lara L, Liao Y, Güney F, et al. On the integration of optical flow and action recognition[C]//Pattern Recognition: 40th German Conference, GCPR 2018, Stuttgart, Germany, October 9-12, 2018, Proceedings 40. Springer International Publishing, 2019: 281-297.

[249] Hinton G, Vinyals O, Dean J. Distilling the knowledge in a neural network[J]. arXiv preprint arXiv:1503.02531, 2015.

[250] Vapnik V, Izmailov R. Learning using privileged information: similarity control and knowledge transfer[J]. J. Mach. Learn. Res., 2015, 16(1): 2023-2049.

[251] Chen L C, Papandreou G, Kokkinos I, et al. Deeplab: Semantic image segmentation with deep convolutional nets, atrous convolution, and fully connected crfs[J]. IEEE transactions on pattern analysis and machine intelligence, 2017, 40(4): 834-848.

[252] Ren S, He K, Girshick R, et al. Faster r-cnn: Towards real-time object detection with region proposal networks[J]. Advances in neural information processing systems, 2015, 28.

[253] Hara K, Kataoka H, Satoh Y. Can spatiotemporal 3d cnns retrace the history of 2d cnns and imagenet?[C]//Proceedings of the IEEE conference on Computer Vision and Pattern Recognition. 2018: 6546-6555.

[254] Dosovitskiy A, Fischer P, Ilg E, et al. Flownet: Learning optical flow with convolutional networks[C]//Proceedings of the IEEE international conference on computer vision. 2015: 2758-2766.

[255] Ilg E, Mayer N, Saikia T, et al. Flownet 2.0: Evolution of optical flow estimation with deep networks[C]//Proceedings of the IEEE conference on computer vision and pattern recognition. 2017: 2462-2470.

[256] Ranjan A, Black M J. Optical flow estimation using a spatial pyramid network[C]//Proceedings of the IEEE conference on computer vision and pattern recognition. 2017: 4161-4170.

[257] Zhu Y, Lan Z, Newsam S, et al. Hidden two-stream convolutional networks for action recognition[C]//Computer Vision–ACCV 2018: 14th Asian Conference on Computer Vision, Perth, Australia, December 2–6, 2018, Revised Selected Papers, Part III 14. Springer International Publishing, 2019: 363-378.

[258] Ng J Y H, Choi J, Neumann J, et al. Actionflownet: Learning motion representation for action recognition[C]//2018 IEEE Winter Conference on Applications of Computer Vision (WACV). IEEE, 2018: 1616-1624.

[259] Revaud J, Weinzaepfel P, Harchaoui Z, et al. Epicflow: Edge-preserving interpolation of correspondences for optical flow[C]//Proceedings of the IEEE conference on computer vision and pattern recognition. 2015: 1164-1172.

[260] Lee M, Lee S, Son S, et al. Motion feature network: Fixed motion filter for action recognition[C]//Proceedings of the European Conference on Computer Vision (ECCV). 2018: 387-403.

[261] Sun S, Kuang Z, Sheng L, et al. Optical flow guided feature: A fast and robust motion representation for video action recognition[C]//Proceedings of the IEEE conference on computer vision and pattern recognition. 2018: 1390-1399.

[262] Lopez-Paz D, Bottou L, Schölkopf B, et al. Unifying distillation and privileged information[J]. arXiv preprint arXiv:1511.03643, 2015.

[263] Garcia N C, Morerio P, Murino V. Modality distillation with multiple stream networks for action recognition[C]//Proceedings of the European Conference on Computer Vision (ECCV). 2018: 103-118.

[264] Hoffman J, Gupta S, Darrell T. Learning with side information through modality hallucination[C]//Proceedings of the IEEE conference on computer vision and pattern recognition. 2016: 826-834.

[265] Luo Z, Hsieh J T, Jiang L, et al. Graph distillation for action detection with privileged modalities[C]//Proceedings of the European conference on Computer Vision (ECCV). 2018: 166-183.

[266] Sharif Razavian A, Azizpour H, Sullivan J, et al. CNN features off-the-shelf: an astounding baseline for recognition[C]//Proceedings of the IEEE conference on computer vision and pattern recognition workshops. 2014: 806-813.

[267] Xie S, Girshick R, Dollár P, et al. Aggregated residual transformations for deep neural networks[C]//Proceedings of the IEEE conference on computer vision and pattern recognition. 2017: 1492-1500.

[268] Li Y, Li Y, Vasconcelos N. Resound: Towards action recognition without representation bias[C]//Proceedings of the European Conference on Computer Vision (ECCV). 2018: 513-528.

[269] Zhou B, Khosla A, Lapedriza A, et al. Learning deep features for discriminative localization[C]//Proceedings of the IEEE conference on computer vision and pattern recognition. 2016: 2921-2929.

[270] Wang X, Girshick R, Gupta A, et al. Non-local neural networks[C]//Proceedings of the IEEE conference on computer vision and pattern recognition. 2018: 7794-7803.